大学生
创新创业实践
信息类

主 编 ◆ 陆 超　袁 静　秦玉龙
副主编 ◆ 宋安然　倪亚南　朱家龙　马秀敏　张 兵　张东彬

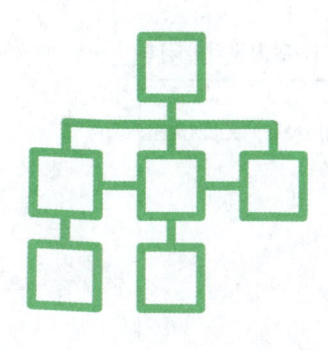

中国水利水电出版社
www.waterpub.com.cn
·北京·

内 容 提 要

本书以提升学生的创新精神、创业意识和创业能力为核心，系统介绍了创新创业基本思维方式和电子专业技能的训练方法。

本书包括理论篇和实践篇两部分。其中理论篇包括创新创业的价值和创业管理，实践篇内容主要围绕电子信息类学科竞赛开展，先后介绍了单片机硬件基础、单片机开发环境与工具，并设置了 11 个实验，其中基础性实验 7 个、综合性实验 4 个，蓝桥杯单片机设计竞赛案例 5 个、电子设计竞赛案例 3 个。本书满足高等院校转型发展的应用型创新人才培养需要，理论联系实际，围绕创新概念、创新能力、创新人才培养，将创新创业理论知识和专业实践知识相结合，内容丰富，案例新颖翔实，可操作性强，是一本培养高校应用型创新人才的教材和开展创新创业教育教学改革研究的参考书。

图书在版编目（CIP）数据

大学生创新创业实践：信息类 / 陆超，袁静，秦玉龙主编. -- 北京：中国水利水电出版社，2024.5.

ISBN 978-7-5226-2493-8

Ⅰ. G647.38

中国国家版本馆 CIP 数据核字第 202416GH04 号

策划编辑：崔新勃　　责任编辑：鞠向超　　加工编辑：刘瑜　　封面设计：苏敏

书　名	大学生创新创业实践——信息类 DAXUESHENG CHUANGXIN CHUANGYE SHIJIAN——XINXILEI
作　者	主编　陆　超　袁　静　秦玉龙 副主编　宋安然　倪亚南　朱家龙　马秀敏　张　兵　张东彬
出版发行	中国水利水电出版社 （北京市海淀区玉渊潭南路 1 号 D 座　100038） 网址：www.waterpub.com.cn E-mail：mchannel@263.net（答疑） 　　　　sales@mwr.gov.cn 电话：(010) 68545888（营销中心）、82562819（组稿）
经　售	北京科水图书销售有限公司 电话：(010) 68545874、63202643 全国各地新华书店和相关出版物销售网点
排　版	北京万水电子信息有限公司
印　刷	三河市德贤弘印务有限公司
规　格	184mm×260mm　16 开本　11.75 印张　264 千字
版　次	2024 年 5 月第 1 版　2024 年 5 月第 1 次印刷
印　数	0001—2000 册
定　价	35.00 元

凡购买我社图书，如有缺页、倒页、脱页的，本社营销中心负责调换

版权所有·侵权必究

前 言

科学技术从来没有像今天这样，以巨大的威力和人们难以想象的速度深刻影响着人类经济和社会的发展。在知识经济时代，一种全新的经济正在形成和发展，爆炸式地向全球扩张，把人类带进一个全新的世界。这种经济是以不断创新的知识为主要基础发展起来的，它依靠新的发现、发明和研究，是一种知识密集型和智慧型的经济，其核心在于创新。它强调劳动者的创新素质是经济发展的主要增长因素，认为创造性的智慧能够带来经济的可持续和稳定发展，并带来巨大的物质财富，以及民族和国家的富强。当前，创新能力对知识经济的贡献已日益显露出其独特的地位和价值，这是由知识经济时代特殊的经济增长方式决定的。可以说，没有创新，知识经济的主体便失去了生命力。

一个国家需要创新，一个民族需要创新。创新来源于人才，人才来源于教育。国务院在《关于深化教育改革，全面推进素质教育的决定》中强调："高等教育要重视培养大学生的创新能力、实践能力和创业精神，普遍提高大学生的人文素养和科学素质。"著名物理学家钱学森曾发出这样的感慨："为什么我们的学校总是培养不出杰出人才？"钱老所说的"杰出人才"是指有创新能力的人才。培养创新人才是21世纪中国教育的主旋律。

本书是一本紧跟时代步伐，致力于为高校培养应用型创新人才服务的教材。本书理论联系实际，围绕创新概念、创新能力、创新人才培养将创新创业理论知识和专业实践知识相结合，内容丰富，案例新颖翔实，可操作性强，是一本培养高校应用型创新人才的教材和开展创新创业教育教学改革研究的参考书。

本书的编著参考了大量近年来出版的相关著作、文献及技术资料，吸取了许多专家和同行的宝贵经验，在此向他们深表谢意。本书由宿迁学院陆超、袁静、秦玉龙任主编，宿迁学院宋安然、倪亚南、朱家龙、马秀敏、张兵，江苏宿迁中等专科学校张东彬任副主编。南京信息工程大学行鸿彦教授和中国矿业大学袁小平教授对书稿的编写思路和撰写大纲提出了宝贵的意见，在此表示衷心感谢。全书由江苏大学李正明教授主审。由于时间仓促、编者水平有限，书中难免存在不妥之处，恳请读者批评指正。

编 者
2024 年 2 月

目　录

前言

第1部分　理　论　篇

第1章　创新创业的价值 ... 2
1.1　创新创业理念 ... 3
　1.1.1　创新的概念 ... 3
　1.1.2　创新的类型、分类方式 ... 5
　1.1.3　创业的概念 ... 6
　1.1.4　创业理念 ... 6
　1.1.5　创业理念的重要性 ... 7
1.2　创新创业的意义 ... 8
　1.2.1　创新的意义 ... 8
　1.2.2　创业的重要性 ... 10
　1.2.3　创新创业的未来 ... 11

第2章　创业管理 ... 14
2.1　创业企业商业模式开发 ... 15
　2.1.1　商业模式的定义 ... 15
　2.1.2　商业模式的选择 ... 15
　2.1.3　商业模式的评价 ... 17
　2.1.4　商业模式画布 ... 18
　2.1.5　撰写创业计划书 ... 20
2.2　创业企业人力资源管理 ... 24
　2.2.1　创业企业的组织设计 ... 24
　2.2.2　创业团队管理 ... 25
2.3　创业企业营销管理 ... 29
　2.3.1　创业企业的目标市场战略 ... 30
　2.3.2　创业企业营销策略 ... 32
2.4　创业企业融资管理 ... 37
　2.4.1　创业融资概述 ... 37
　2.4.2　创业融资渠道 ... 38
　2.4.3　创业融资策略 ... 42

第2部分　实　践　篇

第3章　单片机硬件基础 ... 46
3.1　单片机常用外围器件 ... 46
　3.1.1　三八译码器 74HC138 ... 46
　3.1.2　锁存器 74HC573 ... 47
3.2　AT89S51 单片机 ... 48
　3.2.1　AT89S51 单片机的内部组成 ... 48
　3.2.2　AT89S51 单片机的引脚功能 ... 49

第4章　单片机开发环境与工具 ... 51
4.1　Keil C51 集成开发环境 ... 51
　4.1.1　Keil μVision4 集成开发环境的安装 ... 52
　4.1.2　Keil μVision4 集成开发环境的使用 ... 53
4.2　STC-ISP 程序下载软件 ... 58
4.3　IAP15F2K61S2 程序调试方法 ... 61

第5章　单片机接口实验 ... 66
5.1　流水灯控制实验 ... 66
　5.1.1　实验要求 ... 66
　5.1.2　实验原理 ... 66
　5.1.3　实验程序 ... 67
5.2　蜂鸣器和继电器控制实验 ... 68
　5.2.1　实验要求 ... 68
　5.2.2　实验原理 ... 68
　5.2.3　实验程序 ... 69
5.3　定时器实验 ... 70
　5.3.1　实验要求 ... 70

5.3.2 实验原理 70
5.3.3 实验程序 71
5.4 数码管显示实验 72
5.4.1 实验要求 72
5.4.2 实验原理 72
5.4.3 实验程序 73
5.5 独立按键实验 74
5.5.1 实验要求 74
5.5.2 实验原理 74
5.5.3 实验程序 75
5.6 矩阵按键实验 78
5.6.1 实验要求 78
5.6.2 实验原理 78
5.6.3 实验程序 78
5.7 串口发送和接收实验 81
5.7.1 实验要求 81
5.7.2 实验原理 81
5.7.3 实验程序 82
5.8 PCF8591 ADC/DAC 实验 84
5.8.1 实验要求 84
5.8.2 实验原理 84
5.8.3 实验程序 85
5.9 DS18B20 温度传感器实验 86
5.9.1 实验要求 86
5.9.2 实验原理 86
5.9.3 实验程序 88
5.10 DS1302 实时时钟实验 90
5.10.1 实验要求 90
5.10.2 实验原理 90
5.10.3 实验程序 91
5.11 超声波测距实验 95
5.11.1 实验要求 95
5.11.2 实验原理 95
5.11.3 实验程序 96

第6章 蓝桥杯单片机设计竞赛案例分析 100
6.1 单片机主程序结构设计 100
6.1.1 顺序轮询结构 100
6.1.2 前后台结构 101
6.1.3 时间片轮询结构 102
6.2 第十二届省赛试题 104
6.2.1 基本要求 104
6.2.2 竞赛板配置要求 105
6.2.3 功能概述 105
6.2.4 性能要求 105
6.2.5 显示功能 105
6.2.6 按键功能 106
6.2.7 LED 指示灯功能 107
6.2.8 初始状态说明 107
6.2.9 系统设计与实现 107
6.3 第十三届省赛试题 1 115
6.3.1 基本要求 115
6.3.2 竞赛板配置要求 115
6.3.3 功能概述 116
6.3.4 性能要求 116
6.3.5 显示功能 116
6.3.6 按键功能 117
6.3.7 继电器控制功能 117
6.3.8 LED 指示灯功能 118
6.3.9 初始状态说明 118
6.3.10 系统设计与实现 118
6.4 第十三届省赛试题 2 123
6.4.1 基本要求 123
6.4.2 竞赛板配置要求 124
6.4.3 功能概述 124
6.4.4 性能要求 124
6.4.5 显示功能 124
6.4.6 按键功能 125
6.4.7 超声波测距功能 126
6.4.8 LED 指示灯功能 126
6.4.9 DAC 输出 126
6.4.10 系统设计与实现 127
6.5 第十四届省赛试题 135
6.5.1 基本要求 135
6.5.2 竞赛板配置要求 135
6.5.3 功能概述 135
6.5.4 性能要求 136

  6.5.5 湿度测量 136
  6.5.6 显示功能 136
  6.5.7 采集触发 138
  6.5.8 按键功能 138
  6.5.9 LBD 指示灯功能 139
  6.5.10 初始状态 139
  6.5.11 系统设计与实现 139

第 7 章 电子设计竞赛案例分析 150

 7.1 滚球控制系统 150
  7.1.1 任务要求和评分标准 150
  7.1.2 设计方案工作原理 153
  7.1.3 系统结构工作原理 154
  7.1.4 核心部件电路设计 156
  7.1.5 系统软件设计分析 158
  7.1.6 竞赛工作环境条件 160
  7.1.7 作品成效总结分析 160

 7.2 风力摆控制系统 161
  7.2.1 设计方案工作原理 162
  7.2.2 系统结构与工作原理 163
  7.2.3 功能指标实现方法 164
  7.2.4 核心部件电路设计 166
  7.2.5 系统软件设计分析 167
  7.2.6 竞赛工作环境条件 169
  7.2.7 作品成效总结分析 170

 7.3 多旋翼自主飞行器 172
  7.3.1 任务要求和评分标准 172
  7.3.2 设计方案工作原理 175
  7.3.3 核心部件电路设计 177
  7.3.4 系统软件设计分析 178
  7.3.5 作品成效总结分析 179

参考文献 182

第 1 部分
理论篇

第1章
创新创业的价值

案例导入

《喜羊羊与灰太狼》：成功源于创新

《喜羊羊与灰太狼》作为中国最成功的动画片之一，其成功的秘诀就在于创新。

一是雕琢内容，吸引观众。动漫作品讲求形式的唯美无疑是很重要的，它以视觉冲击力首先给观众带来震撼，但是如果内容贫乏则会使这种视觉冲击力难以保持长久。《喜羊羊与灰太狼》创造较高收视率，就在于内容，即以内容打动观众。在中国传统文化中，狼是邪恶的化身，而羊是善良的体现者，在儿童的世界里，简单纯粹的两极世界中善与恶的争斗，就是羊和狼这种单纯的两极思维的战争，这符合儿童的欣赏特点。每一集羊与狼斗争的故事的情节貌似简单，内容却丰富多彩，或穿越时空，或寻找宝藏，或遭遇自然灾害，或进行武器创造。在有限时间里，羊与狼斗智斗勇，引人入胜，扣人心弦。此外，在每一集的独立故事中，简单的搞笑之后还是有令人回味的哲理性东西，这使剧本内容富有内涵而免于肤浅，吸引大量成年观众。

二是精心设计人物形象，幽默包装。著名动画片皆有独特的人物造型与鲜明的人物性格，《喜羊羊与灰太狼》的人物造型也很有特点，制作者集结了100多位设计师，用了3个多月时间，创造出了如今广为人知的懒羊羊、美羊羊、慢羊羊、灰太狼和红太狼。这些造型设计搞笑夸张又富有童趣，简单而又符合各自的身份和性格。每个人物都是个性鲜明又形象突出，简单的人物和关系，矛盾对立的角色，好人好得不完善，坏人坏得也可爱，勾勒出一个个生动的故事，给人留下深刻印象。幽默轻松是该动画片的一大特点，这满足了欣赏该剧观众的心理和情感需要。动漫连续剧的主要观众是儿童这一群体，他们有着活泼好动的本性，却被繁重的学习压抑着。看电视几乎是他们为数不多的娱乐，这决定了他们对剧情的关注点在于释放压力，在于"是否好玩"。《喜羊羊与灰太狼》在"好玩"上很用心思，情节上除了勾勒羊与狼的趣味横生的斗争，还创造了灰太狼与红太狼间富有喜剧色彩的夫妻矛盾，平添故事的轻松搞笑，吸引大批年轻"羊迷"和"狼迷"，以至于网上流传这样一句话："做人要做喜羊羊，嫁人要嫁灰太狼"的说法。

三是长期打造的品牌效应。国产电视动画片《喜羊羊与灰太狼》自2005年开播以来，已陆续在全国近 50 家电视台热播近 500 集。在北京、上海、广州等城市,《喜羊羊与灰太狼》最高收视率达 17.3%,大大超过了同时段播出的境外动画片。同名漫画书推出后,也立刻成为畅销书,销量超过百万册。这些品牌化、系列化、持续化、高产量、低成本的设计制作,为《喜羊羊与灰太狼》品牌的滚动传播打下了深厚基础。

四是颇具创意的营销策略。作为《喜羊羊与灰太狼》投资方的上海文化广播影视集团有限公司,在营销策略上采用分化产业的运作模式,有利于产品一经公布就开始推广。经授权的一大批一线厂商,对"羊狼"的附加值进行挖掘,打造出一个以"羊狼"为中心的蜘蛛网产业网络,其衍生产品遍及中国各个角落,而后相继出现了喜洋洋服饰、喜洋洋文具、喜洋洋日用品、喜洋洋 QQ 头像、喜洋洋纪念邮票册等。大到图书出版,小到文体用品的衍生产品的出现,提高了"羊狼"的知名度,也创造了高额的社会财富。

总之,《喜羊羊与灰太狼》立足于雕琢内容,以简单生动的人物形象,娱乐哲理性的故事,充满机智幽默的情节与台词,吸引了大批观众,在打造娱乐效果之际又积极向上,传达着一种乐观、自信、勇敢的精神,加上重视营销,积极开拓市场,使其在激烈的竞争中独占鳌头,成为中国动漫的一匹黑马。

1.1　创新创业理念

1.1.1　创新的概念

(一)创新的含义

顾名思义,创新可以理解为"创立或创造新的",简称"创新"。《广雅》:创,始也;新,与旧相对。创新一词出现得很早,如《魏书》中有革弊创新,《周书》中有创新改旧。在英文中,Innovation 这个词起源于拉丁语。它原意有三层含义:一是更新,就是对原有的东西进行替换;二是创造新的东西,就是创造出原来没有的东西;三是改变,就是对原有的东西进行发展和改造。创新是人类特有的认识能力和实践能力,是人类主观能动性的高级表现形式。从不同角度看,"创新"具有不同的理解。

1. 哲学上说创新

从哲学上说,创新是人的实践行为,是人类对于发现的再创造,是对于物质世界的矛盾再创造。创新在哲学中被理解为事物自身蕴含着自我否定的因素,当自我否定向着积极方面发展的时候,创新便产生了。

创新就是要站在上升的、前进的、发展的立场上,去促进旧事物的灭亡,新事物的成长和壮大,实现事物的发展。创新是一种辩证的否定,是一种扬弃的过程,是一种新事物代替旧事物的向上的过程,本质就是发展。因此,树立创新意识就是唯物辩证法的要求。

2. 社会学上看创新

从社会学上看，创新是指人们为了发展的需要，运用已知的信息，不断突破常规，发现或产生某种新颖、独特的具有社会价值或个人价值的新事物、新思想的活动。

创新的含义是指在物质文明、精神文明的一切领域、一切层面上，能先于他人，见人之所未见，思人之所未思，行人之所未行，从而获得人类文明的新发展、新突破。

3. 经济学上谈创新

从经济学上看，创新这一概念起源于美籍经济学家熊彼特（Schumpeter）在 1912 年出版的《经济发展理论》。熊彼特在其著作中首次提出创新理论（Innovation Theory）：创新是指把一种新的生产要素和生产条件的"新结合"引入生产体系。它包括五种情况：一是开发新型产品或改造原来的产品；二是运用新的生产方法；三是发现或开辟一个新的市场；四是发现新的原料或半成品；五是创建新的产业结构。

创新是指人类为了满足自身需要，不断拓展对客观世界及其自身的认知与行为的过程和结果的活动。或具体来讲，创新是指人为了一定的目的，遵循事物发展的规律，对事物的整体或其中的某些部分进行变革，从而使其得以更新与发展的活动。

（二）创新的内涵

1. 创新的要义是变革

亚马逊创始人杰夫·贝索斯曾经说过："创新就是让事情变得更简单，更容易让大家接受你的产品、服务方式等，包括你的服务理念。因而我说，创新就是让世界更简单的一种神奇力量。"

创新意味着改变，即推陈出新、气象万新、焕然一新；创新意味着付出，因为惯性作用，没有外力是不可能有改变的，这个外力就是创新者的付出。

2. 创新的本质是突破

创新不是重复的过程，它包括许多基本概念的规则突破。有些可传递的知识和过程可以被重复使用。但是，就大部分情况而言，创新包括许多规则的突破。创新就是要突破旧的思维定式、旧的常规戒律。

创新是人们在认识世界和改造世界的过程中对原有理论、观点的突破和对过去实践的超越。创新者必须在探索的道路上发明解决问题的方法。许多解决各种新问题的方法，常常令传统智慧止步。我们只有跳出旧思维的束缚，用先进的创新思维"武装自己"，才能够让自己拥有比竞争对手更强大的竞争力。

3. 创新的核心是新颖

创新是以新思维、新发明和新描述为特征的一种概念化过程。创新说出来简单，可一般人想不到。能想到别人没想到的，做法总是与别人不一样，这就是新颖性的体现。

所谓的"新颖"，就是指前所未有的，或者称"首创"。它或是产品的结构、性能和外部特征的变革，或是造型设计、内容的表现形式和手段的创造，或是内容的丰富和完善。新颖性可能以各种形式出现，从新技术到新过程、到独特的市场导入，甚至到成本等。

1.1.2 创新的类型、分类方式

（一）依据所涉及的范围，创新可分为：延伸创新和拓展创新

1. 延伸创新

延伸创新是最常见的创新形式，就是在原来的基础上加以改进、提高，使其在材质、功能、用途、外观、形状等多方面更实用和多样化。例如产品创新，创新的动力源自方便生活。每一个改进都是一种创新，如果是为了方便自己使用，那么这种改进就是一个生活日用品的改进或改造；如果是为了服务社会而主动地、有目的地设计和研发，那么该产品就是一个满足市场需要和具有竞争力的创新产品。

2. 拓展创新

拓展创新是对产品的产业链的展开和辐射，针对某些产品的上下游产品的开发，使产品形成一个可持续发展过程，同时不断满足人们对于其相关产品的心理和精神需求。例如文化产品的拓展创新发展。

（二）依据企业发展战略和产品竞争优势，创新可分为：主动创新和被动创新

1. 主动创新

主动创新是指一个企业能自觉地、前瞻性地开发适合未来市场的新产品，真正把产品做到"人无我有，人有我优"的境地。在当今激烈的市场竞争中，能否做到主动创新是企业生存、长久发展、做大做强的基础。目前，很多企业都投入大量人力、物力、财力组建研发机构或团队，抢占市场先机，掌握市场的主动权、话语权，从而掌握产品的定价权。对于任何企业来说，创新的来源不仅仅是企业的研发中心，创新的动力同样来源于消费者的信息反馈，来源于所有员工自身的经验、知识和智慧，要让消费者和所有员工参与到企业产品的创新中来，哪怕仅仅是提出一个新想法，都有可能成为创造盈利的机会。

2. 被动创新

被动创新是指企业在面对产品日益萎缩的市场份额，设备、管理方式等日趋老化、落后，直到企业难以维系生存的时候，迫不得已淘汰落后的产能、老化的设备、陈旧的工艺流程和管理方式等，更新设备，引进先进工艺和生产线，研发新产品，提高生产率、产品质量及服务，从而为企业的生存发展开辟出一条新路。被动创新首先解决的是思想观念、思维方式的陈旧。只有经历短暂的、剧烈的阵痛，才会有新生命的诞生；只有经历过创新，一个全新的、拥有无限希望的新企业，才会在不久的将来茁壮成长、发展壮大，屹立在激烈的市场之林。

创业者要善于抓住市场潜在的盈利机会或技术的潜在商业价值，以获取利润为目的，对生产要素和生产条件进行新的组合，建立效能更强、效率更高的新生产经营体系，从而推出新的产品、研发新的生产（工艺）方法、开辟新的市场，获得新的原材料或半成品供给来源，它包括科技、组织、商业和金融等一系列活动的综合过程。

党的十八大以来，我国大力实施创新驱动发展战略，创新型国家建设取得明显成效，创新能力极大增强，国际竞争力显著增强。2022年，我国创新指数居全球第11位，连续10年稳步提升，位居36个中高收入经济体之首。中国的创新与发展呈现出良好的正向关系，创新投入转换为更多更高质量的创新产出。

1.1.3　创业的概念

创业是指某个人发现某种信息、资源、机会，或者掌握某种技术，利用或借用相应的平台或载体，将其发现的信息、资源、机会或掌握的技术，以一定的方式，转换、创造成更多的财富、价值，并实现某种追求或目标的过程。创业是一种劳动方式，是一种无中生有的财富现象，是一种需要创业者组织、运用服务、技术、器物作业的思考、推理、判断的行为。

近年来，我国新登记市场主体快速增长，2022年日均新设企业超过2.38万户、市场主体总量超过1.6亿户，创业热情不断迸发，创业群体更加多元，创业意愿和创业潜力高于国际平均水平；创业投资大幅增长，新三板挂牌数持续增长，IPO活跃度不断攀升；相关体制机制改革深入推进，创业生态不断完善。其对推动经济结构升级、扩大就业和改善民生、实现社会公平和社会纵向流动发挥了重要作用，为促进经济增长提供了有力支撑。

在此带动下，新技术、新产品、新业态、新模式不断涌现，极大促进了经济发展新动能的成长，催生了多种灵活的就业形态，在经济增速放缓的情况下，我国就业实现了不降反增。据统计，仅仅是"平台+就业者"的电商生态就提供了1500万个直接就业机会，此外在关联产业还产生了超过3000万个间接就业机会。创业的带动效应可见一斑。

当前创业的发展水平与推动经济高质量发展的要求还有一定距离，主要表现为"三多三少"：一是在商业模式方面体现较多，在技术方面尤其是在颠覆性、原始性技术方面体现较少；二是在"互联网+"领域体现较多，在生物技术、先进制造等领域体现较少，特别是紧密结合当地资源和实体经济开展的创业较少；三是创业集聚区较多，但有特色、高水平的较少，而且地区之间的差距也比较大。

1.1.4　创业理念

企业理念是企业在持续经营和长期发展过程中，继承企业优良传统，适应时代要求，由企业家积极倡导，全体员工自觉实践，形成的代表企业信念、激发企业活力、推动企业生产经营的团体精神和行为规范。企业理念表现为群体的理想、信念、价值观、道德标准、心理等方面，它一旦形成，则不易发生变化，具有相当长的延续性和结构稳定性。

那何为创业理念呢？创业理念是创业者在创业实践活动中表现出来的思想意识、价值取向、道德规范、创业精神、创新能力、行为方式等要素的结合，具有时代性、科学性和实践性。新时代，高校可结合学生社团等各类学生组织，培养学生自我创业意识、增强学生自我创业能力、提升学生自我创业素养，让学生在创业文化的熏陶下把创业变成自我认同、自发运用的自觉行为。以教师为主导的"说教式创业文化"变为以学生为主体的"践行式创业文化"，树立和谐共生的创业文化理念。

有了创业理念和一定的创业意识，有利于大学校园形成良好的创业氛围，这样可以使其更有积极性，更加热情地去创造自己的价值。

1.1.5　创业理念的重要性

通过学校培养和社会培养，以及知识性培养和社会性培养，可以丰富创业者的人生观、价值观，开阔创业者的眼界。那么创业理念的培养对以后的创业有哪些重要的作用呢？

（一）对所处的环境有充分的认知

有些创业者将创业报告拟定好，也完成了融资，开始创业了，但是对环境没有充分的认识，导致创业的失败。《孙子兵法》：知己知彼，百战不殆。如果连自己所处的环境都没有一个充分的认知，那么最后的结果就只能是失败。

（二）优化团队组合

可能有人要问了，创业理念的培养中没有涉及团队啊，怎么能优化团队呢？其实不然，在后天的素质培养中，其实就包含了团队意识的培养与强化。此外，在知识培养中，创业者不可能自己本身具备了所有的技能知识，可以根据自己的缺陷和不足，来寻找适合的创业伙伴，以达到优势互补、弥补劣势的目的。团队的重要性在这里不做细说。

（三）锻炼应对问题的意识

通过进行知识性培养和社会性培养，创业者可以学到很多成功的、不成功的案例；通过对案例的分析，可以得到很多应对问题、解决问题、分析问题的能力，并且可以很好地发现隐藏的问题，及时解决，从而避免企业在初始阶段就出现危机。如同蝴蝶效应，即一股小小的力量，到最后也会产生巨大的影响。尤其对于刚开始创业的创业者来说，资金是最为缺乏的，需要提高资金的使用效率，把每一分钱都花在刀刃上。

（四）诚信从人开始培养

诚信的重要性对每个企业来说都是至关重要的，也是企业立足社会的基础。每个企业的创业者、管理者都希望自己的企业是一个诚信的企业，而诚信企业的前提必须具有一个诚信的团队，诚信的团队可以创造诚信的企业，实现企业的社会责任。通过创业理念的培养，可以把这种诚信的精神深深烙在创业者的骨子中，让创业者时刻要诚信，同时可以组建一支诚信的团队，从而实现企业的真正成功。

（五）增强企业的社会责任意识

企业的社会责任是指企业在创造利润、对股东承担法律责任的同时，还要承担对员工、消费者、社区和环境的责任。企业的社会责任要求企业必须突破把利润作为唯一目标的传统理念，强调在生产过程中对人的价值的关注，强调对消费者、环境、社会的贡献。增强社会责任意识，可以使创业者在企业发展过程中，心系社会，不忘企业的社会责任，从而做到对社会、对环境有利无害，增加企业在社会中的影响力。

1.2　创新创业的意义

1.2.1　创新的意义

（一）创新的重要性

在现代市场经济条件下，面对日趋激烈的竞争，一个国家如何提升自己的综合国力？一个民族如何才能屹立于世界先进民族之林？一个企业如何才能立于不败之地？一个人如何才能取得事业的成功？重要的一点就是要有创新精神、创新能力，要不断创新。创新要求人们以科学的理论为指导，面对实际，敢于提出新问题、解决新问题。

无论是在企业发展上，还是社会生活中，创新始终占据主导地位，对于企业来说，创新就是使产品升级换代、推陈出新，降低成本，提高效率，抢占市场。创新使企业得以生存和发展，企业生存发展、做大做强的直接受益者是本企业的员工，但不应该局限于本企业的员工，更多间接受益者应该是社会大众。创新的主体是人，充分发挥人的主观能动性和创造力是创新的动力和源泉。只有牢牢把握"以人为本"这一核心，组织才能走向健康发展、和谐发展的康庄大道。

没有创新就缺乏竞争力，没有创新也就没有价值的提升。在企业发展中，技术创新尤其重要。技术创新为企业创新活动的核心内容，它为组织的实施与过程管理提供必要的支撑与保障，越来越多的公司认识到了其重要性。跨国企业每年的研发投入都高达数十亿美元，这些投入主要用于支持自己的强大研发机构与团队的创新实践，使企业保持旺盛的创新活力，从而在国际市场竞争中成为赢家。近年来，我国的华为、比亚迪等公司也加大了研发投入。更令人惊奇的就是中小企业也锐意技术创新，在市场竞争中获取高效益回报。例如，分布在我国各地高新技术开发区中的大量中、小企业，都是以自身的技术创新成就来创业发展，成为今天以知识为基础的经济发展最重要部分。技术上的创新在产品的生产方法与工艺的提高过程中发挥着举足轻重的作用：一方面，技术创新提高物质生产要素的利用率，减少投入；另一方面，技术创新通过引入先进设备与工艺，从而降低成本。在企业的竞争中，成本与产品的差异化一直都是核心因素，技术的创新可以降低产品的成本，同样，一种新的生产方式也会为企业的产品差异提供帮助，如果企业能够充分利用其创新的能量，那么它就能在市场中击败竞争对手，占据优势地位。当然技术创新本身具有高投入、高风险的特点，因此在技术创新的过程中，必须建立良好的市场环境与政策条件，这样才能充分激发企业创新的内在动力，为企业创造最大价值。另外，技术创新也逐渐成为企业一项极其重要的无形资产，而企业作为利益分配主体，就意味着在照章纳税后，有权对技术创新收入进行自主分配。这样企业不仅可以有效补偿技术创新投入，而且可以有效激励研究与开发人员，尤其是对技术创新有突出贡献的人员实行特殊的报酬机制。再者，企业可以根据有效的经济原则，组建有效的研究与开发组织，按要素、贡献分配报酬，激励研究与开发的有效增长。创新还可以促进企业组织形式的改善与管理效率的提高，从而使企业不断提高效率，不断适应经济发展的要求。管理上的创新可以提高企业的经济效益，降低交易成本，可以开拓市场，从而形成企业独特的品牌优势。

在产品创新上，美国"硅谷"地区公司以其创新精神、独特的经营模式和雄厚的科技实力闻名世界。"硅谷"地区公司具有两个特点：一是从事高新技术开发和应用的研究与开发；二是不断推出新产品和新技术。创新不仅在这些公司中表现得非常突出，而且在整个社会中得到了广泛的应用。

（二）创新能力

创新能力是指人在观察、思考活动的基础上形成的掌握知识、运用知识，进行创新的本领。它具体由创造性观察能力、创造性思维能力和动手实践能力等组成。

大学生有一定的专业知识，付诸实践，对一些事物有强烈的好奇心，并能发现事物的一些基本特点，观察出事物的构造，附属于自己的一些想法；要有创新精神，要大胆去创新，敢于去创新；敢于标新立异，善于发现新问题，开辟新思路，建立新理论，提出新设计，要具有敢于创新的精神。

影响大学生创新能力的因素有很多，包括创新学习能力、创造性个性品质、创新思维、创新技能等。

创新学习能力是指学习者在学习已有知识的过程中，不拘泥于书本，不迷信于权威，以已有知识为基础并结合当前实践，独立思考、大胆探索，积极提出自己的新思想、新观点、新方法的学习能力。

创造性个性品质是创新者各种心理品质的总和，主要表现为具有很强的创新意识、强烈的好奇性、坚韧不拔的毅力、科学理性的独立精神及热情洋溢的合作精神。良好的创新个性品质，是形成和发挥创新学习能力的动力和底蕴。

创新思维是人脑对客观事物进行有价值的求新探索而获得独创成果的思维过程，是创新能力的灵魂和核心。大学生的创新思维处于核心地位。大学生的观察、发现、联想、想象需要创新思维的指导；大学生的创新动机、创新目标的确立需要经过创新思维的审视；大学生的创新活动需要创新思维进行全程判断、分析和验证。创新思维是一种突破常规的、能动的思维发展过程，是求新的、无序的、立体的思维方式，是发挥人的自主创新能力，以超越常规的眼界从特异的角度观察思考问题、提出全新方案来解决问题的思维方式。

它是人类思维的一种高级形式。

创新技能是创新能力成果转换的重要途径，它反映了创新主体行为技巧的动作能力。创新技能主要包括动手能力或操作能力，以及熟练掌握和运用创新技法的能力、创新成果的表达能力和表现能力及物化能力等。创新技能同样居于创新教育的核心地位，尤其在我国目前的学校教育中，更要加强以实验基本技能为中心的科学能力和科学方法的训练。因此，要想提高创新能力，必须大胆去实践，动手操作。

大学生应该培养坚韧不拔、善始善终的创新精神，积极参加学校举办的各类科技创新大赛等活动，这样可以激发自身的学习兴趣及创新潜力，培养迎难而上、开拓进取的创新精神，提高创新能力。大学生要积极利用好学校资源，如图书馆、实验室等，这些场所通常是培育和激发创新灵感的绝佳环境；同时，不应该仅仅囿于大学校园，还应该主动走出校门，参加社会调研，将理论和实践相结合，在社会实践中发现问题、思考问题、解决问题，并在实际活动中及时反馈，形成最后的成果。

大学生自身创新能力的提高是一项任重而道远的任务，但它对于提高我国自主创新能力、振兴民族科技和发展民族经济起着重大作用，也是提高大学生自身综合素质，担负建设中国和谐社会重任的必然要求。作为大学生，应该积极响应国家的号召，刻苦学习，深入钻研，积极主动地成为创新活动的重要角色，为成功推进自主创新战略的实施做出自己的应有贡献。

1.2.2　创业的重要性

（一）创业的必要性

当前，我国经济已由高速增长阶段转向高质量发展阶段，正处在转变发展方式、优化经济结构、转换增长动力的攻关期，国际环境也发生了复杂深刻变化。新的内外部形势，推动创新创业向纵深发展，成为一个"必选项"。创业的必要性体现为下述几个方面。

一是更好把握新一轮科技革命和产业变革的迫切需要。当前，以人工智能、量子信息、移动通信、物联网、生物医药、新能源、新材料等为代表的重大技术加速应用、实现突破，自然科学与人文社会科学之间、科学与技术之间、技术与技术之间交叉融合，引发人类生产、流通、社交等领域发生深刻变化，为解决人口与健康、食品、资源、环境等重大问题提供新的手段。创新创业不仅符合全球科技革命和产业变革的历史潮流，也符合当今世界进入互联网时代的历史潮流，是大势所趋。

二是推进供给侧结构性改革、实现经济高质量发展的必然要求。创新创业是一个不断解放和发展生产力、变革生产关系的过程，是提高生产效率的动力之源。把握高质量发展阶段的现实要求，推进供给侧结构性改革，根本上要靠创新。无论是降低企业成本，促进产业转型升级，提升企业发展水平和质量，还是提高要素质量和配置效率，从根本上讲都必须大力推进以科技创新为核心的全面创新，必须激发和保护企业家精神，鼓励更多社会主体投身创新创业。

三是全面建设社会主义现代化国家、实现中华民族伟大复兴中国梦的现实选择。建设社会主义现代化强国，必须大力实施创新驱动发展战略，切实加强基础研究和应用基础研究，突破一批关键核心技术，提高原始创新能力；必须大力推动创新创业，推进科技成果转换，促进产业结构升级，大力弘扬创新和企业家精神，建设强大的科技实力，切实提升创业能力。

（二）创业成功的关键

在创业过程中，不可能是一帆风顺的，都会遇到各种各样的危机、困难，关键就在于创业者能否审时度势，量力而行。创业成功的关键包括下述几点。

1. 政策

很多成功的企业者在教育和教导中，提到过这样一点：每天七点准时收看《新闻联播》。收看《新闻联播》可以准确知道政府的政策走向，了解政策。有这样一句话：跟着政府走的企业都会成功。政策对于一个企业的帮助可以说是巨大的，例如政府推行的汽车下乡、家电下乡等政策，使一些企业，尤其是一些以出口为主的民营企业，在出口受挫后，打开了中国本土市场，转向本土化，使企业恢复了元气，而且扩大了生产规模，实现了企业的做强做大。目前，国家推出的一些面向大学毕业生的无息创业贷款，使一些苦于没有资金的创业者看到了希望，开始投入创业。

2. 能力

具备创新能力、行动力、学习能力、团队合作能力、领导能力、抗压能力等多种能力的人更有可能在创业中获得成功，因为这些能力可以帮助他们克服各种挑战，实现自己的创业目标。

3. 环境

这里的环境是指创业者在创业经营过程中所处的外部的、不可改变的环境，如经济、人口等，这个对企业的影响是很大的。

1.2.3 创新创业的未来

随着互联网、大数据、新能源、新材料等新技术的发展，全球已经进入了智能化、数字化和信息化时代，欧美的"再工业化"、德国工业4.0，都说明当前全球已经掀起新一轮的产业变革和科技革命。发展"四新经济"是未来我国在全球竞争中抢占制高点的重要战略举措，通过新科技突破、新产业兴起、新业态诞生、新模式应用，培育新市场主体，为经济增长带来新活力、新动力，这是实现经济高质量发展的内在要求，也是当前阶段我国生产力发展的客观要求。中国的发展仍具有诸多有利条件，中国经济韧性强、潜力大、活力高，长期向好的基本面没有改变。中国这个庞大的市场正在一点点地发挥着应有的效应，这对于创新创业者来说是一个好机会。但是，我们在看到机遇的同时，也要看到挑战。我国要实现2035年远景目标，经济增长速度要维持在潜在增长速度5%左右，所以经济增长的任务比较紧；我们的储蓄率目前是45%，还是比较高的，高储蓄率可以转换成投资，是技术进步的资金保障。如果储蓄率下降得太快，低于35%，那么就会对创新发展造成一定的挑战。过去几年中国经济面临的主要问题是需求不足，因而我国提出扩内需，要把恢复和扩大消费摆在优先位置。但是从长远来看，居民消费占GDP的比重如果上升得太快，也就是储蓄率下降得太快，这样就会影响投资和科技进步。因此，到2035年，我国的储蓄率至少应保持在35%以上。如何统筹调节经济与保持经济活力之间的关系，政府如何保持政策的连续性和稳定性，给市场稳定的预期这些都是我们要面临的挑战。面对挑战，我们需要完整、准确、全面贯彻新发展理念，加快构建新发展格局，着力推动高质量发展，更好地统筹发展与安全，保持经济运行在合理区间。从创新创业者角度看，只要认清自身，培养良好的创新创业理念，并将其运用到工作和创业过程中，依托中国庞大的市场，就一定会成功的。从政府角度看，要更好推动创新创业向纵深发展，应重点在下述几个方面发力。

（一）大力推进技术创业

进一步完善科技成果产权管理体制，改革科研人员评价机制，打通科技成果转移转换的"最后一公里"；加快科研体制改革，打破体制机制障碍，大力促进有创业意愿的科研人员更好创业，让更多科研成果得到及时转换，让更多科研人员释放创新活力。

（二）加强对种子期、初创期和高速成长期创业企业的融资扶持

对政府引导基金的投资重点、投资阶段、运作模式及管理制度进行调整，加大对重点行业、起步及成长阶段企业的支持力度，调动民间资本投资的积极性；适应创业投资高风险的特点，建立投资失败容错机制，加大现有支持创业投资税收优惠政策的落实力度，同时支持金融机构开发适应"双创"的融资新产品。

（三）为创业者提供更多专业指导

推动创新创业创造服务平台向提升服务功能、增强造血能力转变，进一步完善创业服务产业链，开展强强合作、互补合作，形成资源和信息共享平台，为创业企业提供从项目到产业化的全链条创业服务；充分发挥大企业在市场渠道、资金等方面的优势，加强创业者与大企业的联系，促进创业企业成长。

（四）建立审慎包容、公平竞争的市场环境

适应新技术、新业态融合发展的趋势，进一步完善开办企业的程序，简化中小创业者的审批手续和办事流程；降低创业者进入重点领域的门槛，取消和减少阻碍创业者进入养老、医疗等领域的附加条件，加强事中事后监管；加强知识产权保护，完善相关法律法规。

（五）大力促进国际合作

进一步加大国际先进技术、人才、资金等要素"引进来"的力度，按照优势互补、合作共赢原则，充分发挥我国市场、人力资源等优势，在信息、生物、节能环保等领域建设国际科技创新合作园区，加强孵化、工程化平台建设，推动重大技术产业化示范和应用。

（六）营造宽容失败的文化氛围

加大对成功创业者和创业事迹的宣传力度，推广优秀创业企业及创业团队的先进模式和经验；在全社会大力弘扬创新和企业家精神；积极倡导敢为人先、宽容失败的创新文化，树立崇尚创新、创业致富的价值导向。

第 2 章
创业管理

📖 案例导入

bilibili：来自二次元的力量

bilibili（哔哩哔哩）是中国年轻人高度聚集的文化社区和视频平台，该网站于 2009 年 6 月 26 日创建，被粉丝们亲切地称为"B 站"，2018 年 3 月在美国纳斯达克上市，2021 年 3 月在中国香港二次上市。B 站早期是一个 ACG（动画、漫画、游戏）内容创作与分享的视频网站。经过十年多的发展，其围绕用户、创作者和内容，构建了一个源源不断产生优质内容的生态系统，已经涵盖 7000 多个兴趣圈层的多元文化社区，是中国最大实时弹幕视频直播网站。2022 年 2 月，B 站直播上线"开播前人脸认证"功能，确保开播人与实名认证者一致，后续逐步在各个分区开放。B 站最大的优势便是建立自己独特的 ACG 圈子和文化。UP 主、弹幕、鬼畜区、宅舞，以及强烈的归属感，这些都是千金难求的财富。它们为 B 站形成了一道坚不可摧的产品壁垒，也让其他网站即使砸下重金购买版权，也撼动不了 B 站的地位。

bilibili 在网页端和移动端都保持了高增长性，2023 年第一季度月活跃用户人数达 3.26 亿，是视频网站中唯一还拥有持续增长的 PC 端网站。在 B 站，游客只能观看不能发射弹幕，注册会员也只能发射一般弹幕，而想要成为 B 站的正式会员有两种途径：一是通过答题测试，要在 100 道 ACG 及其他圈子的问题中答对 60 道以上，这是相当严苛的条件；二是用正式会员分享的邀请码来激活，成为正式会员 3 个月后才能领取邀请码，一个月只能领取 3 个。在这样的条件之下，B 站的正式用户都是非常忠实且高质量的粉丝。

bilibili 拥有动画、番剧、国创、音乐、舞蹈、游戏、知识、生活、娱乐、鬼畜、时尚、放映厅等 15 个内容分区，生活、娱乐、游戏、动漫、科技是 B 站主要的内容品类并开设了直播、游戏中心、周边等业务板块。B 站的营收主要包括广告、增值服务、游戏、电商及其他 4 块，其中，增值服务和广告是 B 站营收增长的主要动力。2022 年，B 站全年总营收 219 亿元，同比增长 13%；净亏损 75 亿元，同比扩大约 10%。用户活跃度也在增加，日均活跃用户数达 9280 万，用户日均使用时长达 96 分钟，用户活跃度和黏性持续增加。

2.1 创业企业商业模式开发

2.1.1 商业模式的定义

商业模式是指企业围绕如何盈利这个核心来配置企业资源和组织企业所有内外部活动的系统。通过企业商业模式的设计，企业可以明确"做什么，如何做，怎样赚钱"的问题。

商业模式的内容十分广泛，我们常常听到的 B2B 模式、B2C 模式、拍卖模式、反向拍卖模式、广告收益模式、会员费模式、佣金模式、社区模式等都是常见的商业模式。商业模式通常包括以下 9 个方面的要素：

（1）价值主张（Value Proposition）：公司通过其产品和服务所能向消费者提供的价值。价值主张确认了公司对消费者的实用意义。

（2）消费者目标群体（Target Customer Segments）：公司所瞄准的消费者群体。这些群体具有某些共性，从而使公司能够针对这些共性创造价值。

（3）分销渠道（Distribution Channels）：公司用来接触消费者的各种途径。这里阐述了公司如何开拓市场，它涉及公司的市场和分销策略。

（4）客户关系（Customer Relationships）：公司同其消费者群体之间所建立的联系。

（5）价值配置（Value Configurations）：资源和活动的配置。

（6）核心能力（Core Capabilities）：公司执行其商业模式所需的能力和资格。

（7）合作伙伴网络（Partner Network）：公司同其他公司之间为有效提供价值并实现其商业化而形成的合作关系网络。

（8）成本结构（Cost Structure）：所使用的工具和方法的货币描述。

（9）收入模型（Revenue Model）：公司通过各种收入流来创造财富的途径。

商业模式通常包括 8 个方面——客户价值最大化、整合、高效率、系统、赢利、实现形式、核心竞争力、整体解决。这 8 个关键词也就构成了成功商业模式的 8 个基本特征，缺一不可。其中"整合""高效率""系统"是基础或先决条件，"核心竞争力"是手段，"客户价值最大化"是主观追求目标，"持续赢利"是客观结果。

2.1.2 商业模式的选择

商业模式决定企业成败。许多企业做出的产品缺乏市场需求，投机取巧，短期逐利，企业很难做大，反而陷入崩盘之境。什么样的商业模式才能获利？如何选择商业模式是每一个公司应该认真对待的事情，不同的行业都有不同的商业模式，下面主要从商业模式的基本分类、主流商业模式进行说明，供创业者参考选择。

（一）商业模式的基本分类

1. 运营性商业模式

运营性商业模式重点解决企业与环境的互动关系，包括与产业价值链环节的互动关系。运营性商业模式创造企业的核心优势、能力、关系和知识，主要包含以下几个方面的内容。

产业价值链定位：企业处于什么样的产业链条中；在这个链条中处于何种地位；企业结合自身的资源条件和发展战略应如何定位。

盈利模式设计（收入来源、收入分配）：企业从哪里获得收入；获得收入的形式有哪几种；这些收入以何种形式和比例在产业链中分配；企业是否对这种分配有话语权。

2. 策略性商业模式

策略性商业模式对运营性商业模式加以扩展和利用。应该说策略性商业模式涉及企业生产经营的方方面面，主要包括：

（1）业务模式，企业向客户提供什么样的价值和利益，包括品牌、产品等。

（2）渠道模式，企业如何向客户传递业务和价值，包括渠道倍增、渠道集中/压缩等。

（3）组织模式，企业如何建立先进的管理控制模型，例如建立面向客户的组织结构，通过企业信息系统构建数字化组织等。

（二）主流商业模式

1. 互联网模式

互联网模式的特征是主业倒贴，用户为王。当卡巴斯基杀毒软件还在收费时，360 的杀毒软件已经免费让人使用了，其重视用户的商业模式，使其替代了卡巴斯基等收费杀毒软件，拥有了庞大的用户数。

2. 连锁模式

连锁模式的核心关键是复制能力。经营同类产品或服务的若干企业，在总部的领导下，通过规范化经营，实现规模效益的经营形式和组织形态。麦当劳、肯德基作为全球知名连锁餐饮品牌，都采用了连锁模式，迅速实现全球扩张。

3. 直销模式

直销公司成功的关键是教育能力。直销是去掉中间商，直接零售给消费者的销售形式，包括电视销售、网络直销、自动供货机、登门销售等。直销的核心在于裂变速度，教育顾客，让顾客购买你的产品以后能够介绍给其他人。

4. 金融模式

金融模式的特征是杠杆能力。金融公司的盈利来源于成立基金、收取管理费、收益分成等。企业可以利用杠杆效应，放大收益，这就是金融的魅力所在。

5. 投行模式

投行模式的特征是放大能力。国际化公司采用的模式基本是资源整合、资源调配，它们自己基本不生产产品，例如小米、苹果都是外包给其他公司生产，自己只做最核心的东西：技术和用户。

6. 产业整合模式

产业链模式的特征是整合能力。在这个重资产过剩的时代，没有必要再去创造更多的重资产，企业要做的是轻资产、轻运营，善于去发现做得好的企业，投资它们，再进行相应的资源整合。

2.1.3 商业模式的评价

（一）产品或服务给用户创造什么价值

用户为什么需要购买你的产品？你的产品能够为他解决什么问题或满足他什么需求？他的问题或需求目前市面上的产品无法解决还是你的产品能够更好地解决？你要彻底了解市场竞争情况，并知道如何突出产品的真实价值和独特定位。

（二）业务能否产生收入和利润

几乎没有哪个公司能做到刚开始营业就盈利，开一家小餐馆也要买锅碗瓢盆、付房租、买原料，做互联网要有内容、要租服务器。那你现在有没有从业务上获得收入？有哪些方式可以产生收入？成本如何？如何制定销售价格？如果没有收入，那么你还需要多长时间才能产生收入？需要多久能达到盈亏平衡？多久能产生利润？哪些因素对你的收入和利润有直接影响？

（三）如何让用户知道你

现在是信息爆炸时代，你要采取有效的宣传和推广手段才能让潜在用户知道你的公司和你的产品。即使你知道潜在客户在哪里，但让他们知道你也是困难且成本巨大的。你需要通过网络、电子邮件、户外媒体、电视广播、印刷品、邮寄、推荐等手段找到你的客户。现在很多电子商务公司拿着VC的钱四处打广告，就是要让客户知道自己。好的模式不是用增加一倍的推广费用拉来一倍的客户，而是把推广费用减少一半，客户的流失少于一半。

（四）如何让用户有好的消费体验

你要知道如何打动客户？你的销售是通过直销还是分销？线上还是线下？如何包装以适应物流配送？如何对客户进行售后支持？是否需要提供现场指导或7/24服务？如何获取客户有价值的建议？如何帮助用户获取最大的满意度？因为满意的用户会成为你最好的销售员或宣传员。

（五）你的业务能不能复制和自我保护

VC需要的是可以拿钱快速复制有规模效应的业务模式，使业务指标呈抛物线式发展。

即使你不承认或无视它，竞争总是存在或会出现，只要是赚钱的买卖就会吸引竞争对手，你如何面对他们？你需要一些保护机制，如专利、品牌、排他性的销售渠道协议、商业秘密及先行者的优势。

（六）是否能给业务伙伴提供价值

任何业务伙伴都是需要多方合作的，原料供应、生产合作、物流配送、支付渠道等，你是否在实现利益最大化的同时，也帮助它们实现更大利益？你有没有伤害到谁的利益？好的模式是多方共赢，而不是侵害合作伙伴的利益。

2.1.4 商业模式画布

（一）商业模式画布的定义

商业模式画布是指一种能够帮助创业者催生创意、降低猜测、确保他们找对目标用户、合理解决问题的工具。它是一种用来描述商业模式、可视化商业模式、评估商业模式，以及改变商业模式的通用语言。

商业模式画布是一种关于企业商业模式的思想，直观、简单、可操作性强。在创业项目和大公司中，商业模式画布都起到了健全商业模式、将商业模式可视化及寻找已有商业模式漏洞的作用；在项目运作前，通过头脑风暴避免错误，减少失败决策带来的损失。商业模式画布常被用于设立创新型项目或打造与众不同的商业模式，不仅能够提供更多灵活多变的计划，而且更容易满足用户的需求。更重要的是，它可以将商业模式中的元素标准化，并强调元素间的相互作用。

（二）商业模式画布的构成

如何为具有可行性的技术创意设计一套既切实可行，又具有独特竞争优势的商业模式画布，是所有创业者在建立企业前都必须做的一项工作。关于商业模式画布的组成要素和设计问题，目前有不少观点和体系，比较起来，《商业模式新生代（个人篇）》（美国蒂姆•克拉克与瑞士亚历山大•奥斯特瓦德合著）一书所提供的框架简洁且具有可操作性，这个框架可以作为一种共同语言，让你能方便地描述和使用商业模式，从而构建新的战略性替代方案。在该书中，作者提出商业模式设计主要有9个方面，每个方面的核心问题如下：

(1) 客户细分：用来描述一个企业想要接触和服务的不同人群或组织。

我们正在为谁创造价值？

谁是我们最重要的客户？

(2) 价值主张：用来描述为特定客户细分提供价值的系列产品和服务。

我们该向客户传递什么样的价值？

我们正在帮助客户解决哪一类难题？

我们正在满足客户的哪些需求？

我们正在提供给客户细分群体哪些系列的产品和服务？

（3）渠道通路：用来描绘公司是如何沟通接触其客户细分而传递其价值主张。

通过哪些渠道可以接触到我们的客户细分群体？

我们现在如何接触他们？我们的渠道如何整合？

哪些渠道最有效？哪些渠道的成本效益最好？

如何把我们的渠道与客户的例行程序进行整合？

（4）客户关系：用来描述公司与特定客户细分群体建立的关系类型。

每个客户细分群体希望我们与之建立何种关系？

哪些关系我们已经建立了？这些关系的成本如何？

如何把它们与商业模式的其他部分进行整合？

（5）收入来源：用来描述公司从每个客户群体中获取的现金收入（需要从创收中扣除成本）。

什么样的价值能让客户愿意付费？

客户现在付费买什么？

客户是如何支付费用的？

客户更愿意如何支付费用？

每个收入来源占总收入的比例是多少？

（6）核心资源：用来描述让商业模式有效运转所必需的最重要的因素。

我们的价值主张需要什么样的核心资源？

我们的渠道通路需要什么样的核心资源？

（7）关键业务：用来描述为了确保其商业模式可行，企业必须做的最重要的事情。

我们的价值主张需要什么样的关键业务？

我们的渠道通路需要什么样的关键业务？

（8）重要合作：让商业模式有效运作所需的供应商与合作伙伴的网络。

谁是我们的重要合作伙伴？

谁是我们的重要供应商？

我们正在从伙伴那里获得哪些重要的核心资源？

合作伙伴都执行哪些关键业务？

（9）成本结构：运营一个商业模式所引发的所有成本。

什么是最重要的固有成本？

哪些核心资源花费最多？

哪些关键业务花费最多？

设计商业模式并非一定要回答上述所有问题，但顾客价值、渠道通路、顾客关系、收入及成本等问题一般也是需要考虑的。

案例：瑞幸咖啡

1.目标客户细分 Customer Segmentation & Target 2.头目销	3.解决方案/产品 Solution · 便宜（20元） · 外送 · 店铺经营	4.独特价值定位 Unique Value Proposition · 便宜/优惠	5.竞争优势 Competitive Advantage · 资本	10.战略目标和举措 Objective/Activities
2.需求/问题/机会 Problem 价格贵 购买不便			6.推广 Marketing/Channel & Sell · 大牌代言 · 病毒营销	10亿，500家店
	测试（种子用户/MVP）	传播点 Slogan 这一杯，谁不爱		
7.成本结构 Cost Structure 食材成本 广告 促销 开店	9.关键指标 Key Metrics 月用户购买杯数		8.收入来源 Revenue Stream · 20元/杯	

瑞幸咖啡商业模式画布

2.1.5　撰写创业计划书

（一）创业计划书的重要性

创业计划书是创业者就某一项具有市场前景的新产品或服务，向潜在投资者、风险投资公司、合作伙伴等游说以取得合作支持或风险投资的可行性商业报告，又称商业计划书。创业计划书是创业者的创业蓝图与指南，也是企业的行动纲领和执行方案，对创业者获得创业成功具有重要意义。

创业计划书使创业者对创业项目有了更加清晰的认识，对其实施与经营有了更加完善的行动方案。创业计划书的撰写，可以迫使创业者厘清思路，系统思考项目实施的各个因素；创业者不仅对已有的谋划有了更加深刻清晰的认识，也对项目在实施过程中将要面临的问题与困难有所预见，这些都将给创业项目的实施提供完整周到的规划保障。

创业计划书有助于为创业者争取资金等方面的有力支持。创业者的成功往往要借社会之力。创业者要用创业计划书向潜在支持者展示创业项目的潜力和价值，说服他们进行投资和支持；向公司索要创业计划书的组织数量正在上升，投资者将根据创业计划书对其原始投资做出初步决策。

（二）创业计划书的撰写原则

创业计划书主要是面向对创业项目可能感兴趣的、潜在的利益相关者说明他们所关心的关于创业项目可行性问题的分析与论证报告。尽管由于行业不同，创业计划书的具体内容会有所不同，但是创业计划书的撰写都有一致的原则，具体如下：

1. 逻辑性强

创业计划书在展示创业方案的过程中应当有清晰的思路，把项目产生的背景、创业者对项目的商业性分析、对市场的研判、资本运行及管理和收益保障等问题，有理有据地阐述清楚。通俗地说，要把"我们将要做什么、为什么要做这个、做它干什么、准备怎么做、如何做得好"这些事令人信服地说明白。

2. 具有可行性

创业计划书所展示的创业项目实施方案，应当具有操作性，能够在商业运营中以具体的方式和行为表现出来。例如，经营方式可以以具体的实践行为表现出来。

3. 重点突出

创业计划书要说明的问题有很多，但是每个问题论证的充分程度有所不同，重点论证的问题有：

（1）项目的独特优势。

（2）市场机会与切入点分析。

（3）问题与对策。

（4）投入、产出与盈利预测。

（5）保持可持续发展的竞争战略。

（6）可能的风险与应对策略。

4. 简洁精炼

创业计划书应该简洁、精炼、突出重点。投资人很难有耐心看完一份冗长的商业计划。简练、确切、有新意的计划往往能引起投资人的关注。

（三）创业计划书的内容结构

创业计划书的正文内容一般包含下述几项。

1. 概要

概要是创业计划书的第一项内容，是整个商业计划的高度浓缩，能让读者迅速对新创企业有一个全面的了解。很多投资者先看概要，感觉有兴趣，才会愿意看完创业计划书的全部内容。

概要应当富有吸引力，要突出以下重要内容：

（1）公司基本情况。

（2）管理团队分析。

（3）产品或服务描述。

（4）行业及市场分析。

（5）销售与市场推广策略。

（6）融资与财务说明、利润和现金流预测。

（7）风险控制。

2. 公司介绍

公司介绍内容包括：

（1）公司成立时间、形式、创立者。

（2）公司股东结构。

（3）公司发展简史。

（4）公司业务范围。

3. 产品或服务

产品或服务介绍的创业计划的具体承载物，是投资最终能否得到回报的关键。产品或服务介绍的内容包括：

（1）产品特点和竞争优势。

（2）产品市场前景预测。

（3）产品研发情况。

（4）产品生产计划安排。

4. 市场机会分析

清楚而准确的市场机会分析对投资者最具吸引力，市场机会是投资者决定是否投资的关键因素。创业者应当多进行机会分析，力保其准确性、可靠性。市场机会分析可以从以下3个层次进行：

（1）宏观环境分析，也称社会环境分析，对创业所涉及的政治环境、经济环境、社会文化环境、技术环境做出详细分析。

（2）中观环境分析，也称行业分析，分析内容包括行业概述、行业竞争性分析、行业展望等。

（3）微观环境分析，也称市场需求分析，通过对企业、供应者、营销中介、顾客、竞争者和公众的分析，预测所处行业的未来发展趋势。

5. 市场营销计划

营销计划承接市场分析部分，对如何达到销售预期状况进行描述分析，需要详细说明和发掘创业机会与竞争优势的总体营销战略、为扩大产品销售所需的资金数量。同时，应当阐述营销组合方面，包括产品、价格、渠道、促销，以及对销售人员的激励方式、广告或公关策略、媒体评估等内容。

6. 财务计划

财务计划是战略伙伴和投资者最为敏感的问题，要求创业者花费较多精力来做具体分析。创业者要根据创业计划、市场计划的各项分析和预测，在全面评估公司财务环境的情况下，提供公司今后3年的预计资产负债表、预计损益及预计现金流量表，并对财务指标做分析。

7. 企业管理能力

介绍核心管理者，增强投资者对企业的认知度。

介绍创业团队人员状况及优势，展示团队的凝聚力和战斗力。

人力资源管理计划，计划书应当考虑未来 3 年内的人员需求，说明企业拟设哪些部门，招聘哪些专业技术人才，配备多少人员，薪酬水平如何，是否考虑员工持股等。

8. 投资说明

融资计划：融资计划说明创业者对资本的需求与安排，提出最具吸引力的融资方案，并说明具体的资金运用规划，目的是使投资人放心地交付资本。

投资报酬：创业计划书需要用具体数字来描述投资人可以得到的回报。需要预计未来 3～5 年平均每年净资产回报率，包括投资方以何种方式收回投资、回报的具体方式与时间等。

投资退出：该项需要与投资人商定。投资人往往要求在 3～5 年内收回投资。

9. 投资风险

此项指出在创业过程中，创业者可能遭受的挫折甚至失败。企业必须根据自身的实际情况来描述确实存在的注意风险。此项是为了说明创业团队已经充分认识到企业可能面临的关键风险，并提出妥善的预防和解决方案。

（四）撰写创业计划书的注意事项

创业计划书撰写注意事项有以下几点：

（1）主题明确。项目名称要体现创业项目的主旨和目标；封面设计新颖、体现项目特色，简洁规范；摘要要开门见山地综述；计划书的目录和章、节、目的标题符合逻辑思路且框架清晰。

（2）结构合理。创业计划书一般分创业主体、创业计划、附录三大部分，包括计划摘要、产品（服务）介绍、生产管理、市场分析、营销策略、企业管理、财务规划、创业风险及应对策略、投资说明及附录等内容。创业计划书总的要求是结构合理、内容充实、重点突出，打动投资者的关键点一般有以下几个：

1）关注产品：产品是创业的关键，无论是对于创业者自己还是对于投资者，能否收回投资并取得盈利，关键就看产品有没有市场。

2）敢于竞争：敢想敢干是我们宣扬的创业主题，它应该表现在创业的各个阶段，也应该用这样的热情去感染投资者和其他相关者。

3）了解市场：创业的激情、对投资者的感染力，建立在对目标市场的有逻辑的深入分析上。

4）表明行动的方针：要有细致可行的行动纲领来实现对市场的预测。

5）展示管理队伍：卓越的领导集体是保证创业计划和实践具有科学性、可行性的队伍保证。

6）出色的概要：概要是被第一个呈现的文件，是第一个让投资人对创业项目感兴趣的书面说明。

（3）论据充分，论证严谨。论据充分、论证严谨主要体现在以下几个重要环节：市场调研分析充分，数据翔实、可信度高，潜在需求现实等；技术成熟及后续研发有保障等；销售、价格和成本合理，资金回收期短等；营销策略有可操作性，有特色和创意等；风险评价客观，能应对、可解决；撤出方式可行等。

（4）方法科学，分析规范。在市场调研、营销预测、财务效益可行性研究等方面一定要采用科学的方法，分析要客观科学，计算公式、财务报表要规范。

（5）文字流畅，表述准确。文字表述要通俗易懂，逻辑严谨，言能达意，谨防病句、错字别字。另外，排版规范、装帧整齐也很重要。封面简洁大方；正文、段落、标题格式统一，符合行文标准；引言、表格、公式、数字、参考资料表述准确、规范等。

2.2 创业企业人力资源管理

创业企业相比成熟的企业，在人员、规模、经验等方面皆有所欠缺，所以"麻雀虽小，五脏俱全"在这里并不成立，在初创阶段，所有的一切都应该以生存和盈利为宗旨，创业企业的组织设计要求必须有效率。而在人力资源管理方面，应更加注重创业企业的成长潜力，做好人力资源规划，这对创业企业的健康发展尤为重要。

2.2.1 创业企业的组织设计

（一）组织设计的含义与内容

组织设计就是根据组织目标及工作的需要确定各个部门及其成员的职责范围，确定组织结构。简单地说，组织设计的内容包括：组织职能设计、组织部门设计、组织职位设计、组织协调关系设计。

组织职能设计在组织设计中起着承上启下的桥梁作用。"上"指的是企业的战略目标和任务；"下"指的是企业的组织结构和框架，具体来说就是企业的各个管理层次、部门、职位和岗位。职能设计对"上"能把企业的战略目标和任务加以明确和具体化，并通过进一步的职能分解，将企业的战略目标和任务转换为具体业务上来；职能设计对"下"能将企业的各项业务活动加以归类，从而为企业的管理层次、部门、职位和岗位的设置提供依据。

组织部门设计就是按照战略的职能要求分化出专门行使某项具体职能的部门，如生产部门、销售部门等。

组织职位设计就是根据组织的需要，规定某个职位的责任、任务、权力及工作量的过程。其具体体现就是职位说明书。

组织协调关系设计是建立组织的规章制度、工作规范，以及各部门、各职位之间的工作关系、工作流程，使部门职能、职位职能充分发挥，最终达到组织的目标。

（二）常见的创业企业的组织设计形式

1. 直线型

直线型是一种最先出现也是最简单的组织形式，实行垂直领导的模式，下属部门只受一个上级的领导，各级主管部门对其下属部门的一切问题负责。

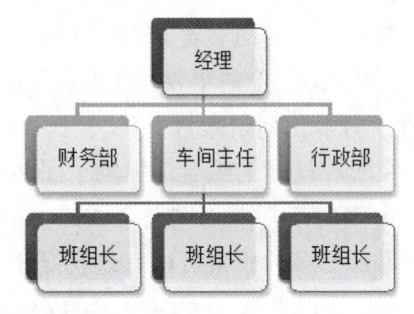

```
                经理
        ┌────────┼────────┐
      财务部  车间主任   行政部
        │       │        │
      班组长   班组长    班组长
```

直线型的组织形式具有以下优缺点：

优点：架构比较简单，责任分明，命令统一。

缺点：要求负责人通晓多种知识和技能，亲自处理各种业务。

直线型适用于规模较小、生产技术比较简单的企业；对生产经营和管理比较复杂的企业则不适宜。

2. 职能制

职能制是最常见的企业组织形式。

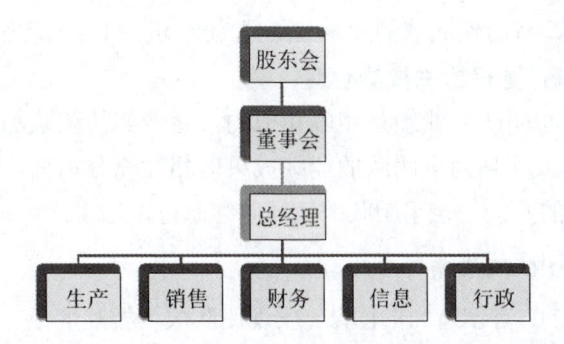

```
            股东会
              │
            董事会
              │
            总经理
    ┌────┬────┼────┬────┐
   生产  销售  财务  信息  行政
```

由于大部分创业企业刚刚起步，往往不能比较规范地进行组织设计，所以一般会尤其注重销售、生产、技术部门，会造成创业企业在组织设计时出现一些问题和矛盾。由于规模有限，创业企业在人员监督方面不会也不能做过多的投入，所以人力资源是一个创业企业成功生存下去并逐渐壮大的重要保障。换句话说，良好的创业团队，是创业能否成功的根本。

2.2.2 创业团队管理

（一）创业团队及其对创业的重要性

创业团队是由两个或两个以上具有一定利益关系的、拥有所创建企业所有权或处于高层主管位置并共同承担创建和领导新企业责任的人组成的工作群体。团队创业有助于创业的成功和新事业的发展。一个好的创业团队对新创企业的成功发挥着举足轻重的作用。企业的成长潜力（吸引投资人的能力）与创业团队的素质和经验呈高度相关。

风险投资之父乔治·多里特说过："我更喜欢拥有二流创意的一流创业者和团队，而不是拥有一流创意的二流创业团队。"因此，只有通过进一步认识创业团队的意义，了解和分析团队类型和特点，把握团队组建的关键要素，才能帮助我们在实践中培育和发展出一支优秀的创业团队。创业团队对创业的重要性体现在下述几个方面。

1. 团队能提高机会识别、开发和利用能力

团队成员不同的知识、经验和技能的组合，提供了团队对创业机会识别进行更为科学理性的评价、对机会开发方案的选择更为准确全面的可能，以避免决策失误。同时，团队成员广泛的社会联系和内部更多的积累可以有效获得开发机会所需要的资源，增加机会开发成功的可能。

2. 团队能提高新企业的运作能力，发挥合成效应

把互补的技能和经验组织到一起，超过了团队中任何个人的技能和经验。这种技能和经验在更大范围内的组合使团队能应对多方面的挑战，如创新研发、市场营销、财务管理、质量控制和客户服务，并形成一种协同工作的整体优势。

3. 团队能为加强组织发展和管理工作提供独特的社会角度

通过共同努力克服障碍，团队中的成员对彼此之间的能力建立起信任和信心，并加强共同追求高于和超乎个人及职能工作之上的团队业绩的愿望。工作的意义和成员的努力都使团队价值深化，从而使团队的业绩最终成为对团队自身的激励。

4. 团队有利于营造更轻松愉快的心理环境

团队的良好氛围与团队的业绩是相辅相成的，它能够使团队的成员愿意为了实现团队的目标而一起工作，并且为了团队的业绩成果而相互充分信任。这种令人满意的心理环境支持创造了团队的业绩，也因团队的优异业绩而得以延续。

（二）组建创业团队的策略

要组建一支高效的、有创造力的团队，实现团队成员相互信任、相互支持、目标一致、技能互补，首先必须对团队需要的成员角色有清晰的判定和选用。

团队角色指的是团队成员为了推动整个团队的发展而与其他成员交往时表现出来的特有的行为方式。在对团队角色不同的划分法中，以贝尔宾划分法最常使用。贝尔宾划分法由梅雷迪斯·贝尔宾在1981年提出，有效决策团队的核心由8个重要的角色组成，如表2.1所示。

表2.1 有效决策团队的8个重要角色

角色	行为	特征
主席	将目标分类，进行角色与任务的分配，联结群体，协调行动	沉着、值得信赖、公正、自我约束、积极思考、自信

续表

角色	行为	特征
塑造者	寻求群体讨论的方式，促成群体达成一致并做出决策	高成就、低压力、急躁、友好、好争辩、具煽动性、动力强劲
培养者	提出新思想及进一步建议，洞察行为过程	个人主义、严密思考、有见识、非正统、智慧
监视/评价者	分析复杂的问题及看法，评价别人的贡献	冷静、敏感、聪明、慎重、独立、理性、不易怒
执行者	把谈话与建议转换为实际步骤，整理建议并使之与已经取得一致意见的计划和已有的系统相配合	保守、顺从、务实可靠、工作勤奋、有自我约束力
完成者	强调任务的目标要求和活动日程表，在方案中寻找并指出错误、遗漏和被忽视的内容	勤奋有序、认真、有紧迫感、理想主义者、追求完美、持之以恒、常常拘泥于细节
协作者	给予他人支持并帮助别人，打破讨论中的沉默，采取行动扭转或解决团队中的分歧	擅长人际交往、温和、敏感、适应能力强、能促进团队的合作
资源调查者	提出建议并引入外部信息，接触持有其他观点的个体或群体，参加磋商性质的活动	性格外向、热情、充满好奇心、消息灵通、有较强的社交能力、不断探索新的事物、勇于迎接新的挑战

（三）创业团队的管理技巧和策略

团队创业成功率往往取决于团队决策和利益分配，高效解决决策分歧和利益冲突问题是创业成功的保障。在创业过程中需要有效的团队管理技巧和策略，尤其在创业初期，创业团队还没有建立起规范的决策流程、分工体系和组织规范，此时处理决策分歧就显得尤为困难。另外，创业初期需要团队对时间、精力和资金等资源有高强度投入，但短期无法实现期待的激励和回报，这样会让团队成员的积极性受到打击，他们会对企业目标产生怀疑，彼此也会失去信任。因此，创业团队的管理重点在结构管理，在创业初期就要找到适合的结构模式。

创业团队可以从3个方面来实施结构管理，分别是知识结构、情感结构和动机结构。知识结构反映的是创业团队成功创业的能力素质；情感结构是创业团队维持凝聚力的重要保障；动机结构则是创业团队实现理念和价值观认同的关键因素。

1. 知识结构管理策略

知识结构的互补性是创业团队管理的核心，知识结构的互补是指团队成员拥有不同的知识储备，可以根据团队成员不同的特长进行工作分配。根据成员的不同特长，可以分为管理者、执行者和调和者等，每个团队成员根据自己的分工在工作中完成自己的任务，同时通过对知识的分享来获取他人的支持，更好地协作以完成工作任务，同时团队成员之间也存在竞争关系，在优秀的创业团队内部能把竞争关系转换成动力，促进团队成员去实现企业目标。

2. 情感结构管理策略

合理的情感结构是创业团队具有凝聚力的保障，创业过程中团队成员必然是互相依靠的，不仅表现在知识结构的互补，也体现在情感的共鸣和目标的一致。因而团队成员之间需要建立高度的信任，通过高度信任可以降低企业风险，无论在何种创业团队中，情感的共鸣都是团结团队成员的有效方法。情感结构管理注重成员知识、学历和能力等方面的差异，这种差异是自然存在的，如果创业团队之间因差异发生冲突和争辩，则这种冲突很容易变为情感性冲突。成员之间发生冲突不利于创业的成功，只有把情感控制在可控范围内才能促进创业的成功。

3. 动机结构管理策略

动机结构是实现创业目标的关键，创业团队要关注成员的价值观，价值观不同容易让企业只重视短期利益，忽视企业的发展，而相似的价值观和动机有利于团队一直保持目标和方向的一致，并且愿意为了这个共同的目标而付出自己的努力，同样有助于企业在面对困难时克服阻碍，保持企业的稳定发展。合理的创业团队管理可以发挥团队创业的优势，创业过程中团队成员之间一定有各种冲突，创业目标的一致性可以减少这样的冲突，充分发挥每个人的特长，形成有效的管理机制。

（四）领导创业者的角色与行为策略

1. 领导创业者的角色

在创业团队中必然会产生一个领导者，领导者不仅要承担比一般成员更重的责任，而且在协调团队成员之间关系和利益上也发挥着重要作用。当大家对企业管理经验的理念产生冲突时，领导者应该及时表明自己的立场，通过分析，果断对问题做出决策，避免产生更大的分歧。成为一个优秀的领导者，不仅关系到个人的发展，更会对企业发展产生深远的影响，现代的领导者已经不同于传统的领导者，现代企业的竞争需要领导者具有更多的能力，而不是依靠传统的权力，有效的领导往往来源于领导者能否公平地使用权力、合理地分配利益、具备良好的个人魅力。面对激烈的市场竞争，领导者要用敏锐的眼光和踏实的作风去大胆地决策，在风险来临时迅速做出决定，在机遇来临时果断把握，得到所有人的信任，带领创业团队向创业目标不断前进。

2. 维护团队稳定策略

团队成员能否发挥每个人的优势及团队是否稳定是评价领导者的领导能力的重要因素，一个创业团队在组建初期，领导者要花很多时间和精力去磨合，明确团队成员的职责，帮助他们确定个人发展的路径，让每个成员在创业过程中都能找准自身的定位。当企业发展到一定规模时，领导者要帮助团队成员处理好彼此之间的关系，让他们更好地合作，并能使企业处于一个健康发展的水平。另外，领导者要尽力营造宽松的工作环境，信任每个团队成员能发挥自己的专长，让所有人感觉自己在团队中都有存在感，领导者要以自己的人格魅力去感染员工，为团队的稳定发挥自己的作用。

3. 合理的利益分配策略

在创业初期，领导者就要组织团队成员制定合理的利益分配制度，创业团队中的成员拥有不同的资源，这些资源要体现在企业的股份上，领导者可以根据每个人的条件进行清晰的利益分配。创业一段时间后，往往会出现创业初期的股份与创业过程中的贡献不一致的现象，因此在制定制度时，要充分考虑对企业发展做出重要贡献的人的利益，否则很容易出现贡献和回报不相等的状况，导致员工积极性受挫。好的创业团队需要有弹性的利益分配机制，及时解决出现的问题，保持员工的热情，确保企业稳定、健康发展。

（五）创业团队的社会责任

1. 创业团队的社会责任的概念

创业团队的社会责任（Corporate Social Responsibility，CSR），即企业的社会责任，是指企业在其商业运作中对其利害关系人应负的责任。利害关系人是指所有可以影响或会被企业的决策和行动所影响的个体或群体，包括员工、顾客、供应商、社区团体、合作伙伴、投资者和股东。创业团队的社会责任的概念是鉴于商业运作必须符合可持续发展的想法，团队除考虑企业自身的财政和经营状况外，也要加入其对社会、自然环境所造成影响的考量。

2. 创业团队的社会责任的内容

（1）对股东：股东拥有充分分享企业经营成果的权利。

（2）对员工：员工拥有相当的收入水平，工作的稳定性，良好的工作环境，平等的就业和提升机会。

（3）对政府：支持政府的号召，遵守法律和规定。

（4）对供应者：保证付款时间。

（5）对债权人：遵守合同条款，保持值得信赖的程度。

（6）对消费者/代理商：提供高品质的产品和服务，保证商品的价值。

（7）对社会：为环境保护和节约资源做贡献，为社会发展做贡献，为公共产品与文化建设做贡献，公平竞争。

（8）对竞争者：公平竞争，增长速度，在产品、技术和服务上的创新。

（9）对特殊利益集团：提供平等的就业机会，对城市建设的支持，对残疾人、儿童和妇女组织的贡献。

2.3 创业企业营销管理

对于企业而言，市场营销是在创造、沟通、传播和交换产品中，为顾客、客户、合作伙伴及整个社会带来价值的活动、过程和体系，包括市场调研、选择目标市场、产品开发、产品促销等一系列与市场有关的企业业务经营活动。在这个互联网经济高速发展的时代，营销已经渗透进我们生活的方方面面中。如何在众多创业者中脱颖而出，吸引到有效的用户流量，需要制定非常有效的营销战略。

2.3.1 创业企业的目标市场战略

（一）在市场细分过程中发现市场机会

1. 市场细分：创业企业营销成败的基础

市场细分是现代市场营销观念的产物。它是指按照消费需求的差异性把某一产品（或服务）的整体市场划分为不同的子市场的过程。

创业企业开展市场细分的原因有以下几点：

（1）市场需求的差异性及由此决定的购买者动机和行为的差异性。市场需求的差异性取决于社会生产力的发展水平、市场商品供应的丰富程度及消费者的收入水平。除了对某些同质商品，消费者有相同的需求，消费者的需求总是各不相同的。

（2）市场需求的相似性。从整体来看人们的消费需求是千差万别的，然而在这种差别之中亦包含着某种共性。这种交叉中的相似性和差异性就使市场具有可聚可分的特点，为企业按一定标准细分市场并从中选择自己的目标市场提供了客观可能性。

（3）买方市场的形成。企业只有依靠市场细分来发掘未满足的市场需求，寻求有吸引力的、符合自己目标和资源的营销机会，这样才能在市场竞争中取胜。

一方面，企业在市场细分的基础上针对目标市场的特点制定战略和策略，做到"知己知彼"；另一方面，企业只是面对一个或几个细分市场，可及时捕捉信息，按需求变化调整发展策略。

2. 创业企业如何开展消费者市场细分

消费者市场上的需求千差万别，影响因素也是错综复杂。对消费者市场的细分没有一个固定的模式，创业企业可根据自己的特点和需求，采用适宜的标准进行细分，以求得最佳的市场机会。

（1）地理环境因素。消费者所处的地理环境和地理位置，包括地理区域、地形、气候、人口密度、城市规模等。

（2）人口因素。人口因素包括消费者的年龄、性别、家庭规模、收入、职业、教育程度、宗教信仰、民族、家庭生命周期、社会阶层等。

（3）心理因素。消费者因生活方式、个性、爱好等不同，往往有不同的购买心理。

（4）购买行为。其主要是从消费者购买行为方面的特性进行分析，例如从购买动机、购买频率、偏爱程度及敏感因素（质量、价格、服务）等方面判定不同的消费者群体。

（二）创业企业目标市场选择

1. 目标市场和目标市场营销：创业企业营销成败的关键

目标市场是指在需求异质性市场上，企业根据自身能力所确定的欲满足的现有和潜在的顾客。

目标市场营销是指企业通过市场细分选择了自己的目标市场，专门研究其需求特点并针对其特点提供适当的产品或服务，制定一系列的营销措施和策略，实施有效的市场营销组合。

2. 创业企业的目标市场营销战略

（1）无差异性市场营销：创业企业面对整个市场，只提供一种产品，采用一套市场营销方案吸引所有的顾客。

优点：生产经营品种少、批量大，节省成本费用，提高利润率。

缺点：忽视了需求的差异性，消费者特定需求得不到满足。

（2）差异性市场营销：创业企业选择几个细分市场作为目标市场，针对不同细分市场的需求特点，分别为之设计不同的产品，采取不同的市场营销方案，满足各个细分市场上不同的需要。

优点：适应了各种不同的需求，能扩大销售，提高市场占有率。

缺点：因差异性营销会增加设计、制造和促销等方面的成本，故会造成市场营销成本的上升。

（3）集中性市场营销：创业企业选择一个或少数几个细分市场作为目标市场，制定一套营销方案，集中力量为之服务，争取占有大量份额。

优点：由于目标集中，能更深入地了解市场需要，使产品更加适销对路，有利于树立和强化企业形象及产品形象，在目标市场上建立巩固的地位；同时由于实行专业化经营，可节省生产成本和营销费用，增加盈利。

缺点：目标过于集中，把企业的命运押在一个小范围的市场上，有较大风险。

（三）创业企业市场定位：创业企业营销成败的核心

市场定位就是针对竞争者现有产品在市场上所处的位置，根据消费者或用户对该种产品某一属性或特征的重视程度，为产品设计和塑造一定的个性或形象，并通过一系列营销活动把这种个性或形象强有力地传达给顾客，从而适当确定该产品在市场上的位置。

创业企业的市场定位工作一般应包括下述 3 个步骤。

1. 调查研究影响定位的因素

适当的市场定位必须建立在市场营销调研的基础上，必须先了解有关影响市场定位的各种因素。这主要包括：

（1）竞争者的定位状况。

（2）目标顾客对产品的评价标准。

（3）目标市场潜在的竞争优势。

2. 选择竞争优势和定位战略

创业企业通过与竞争者在产品、促销、成本、服务等方面的对比分析，了解自己的长处和短处，从而认定自己的竞争优势，进行恰当的市场定位。市场定位的方法一般包括以下 7 种：

（1）特色定位：从企业和产品的特色上加以定位。

（2）功效定位：从产品的功效上加以定位。

（3）质量定位：从产品的质量上加以定位。

（4）利益定位：从顾客获得的主要利益上加以定位。

（5）使用者定位：根据使用者的不同加以定位。

（6）竞争定位：根据企业所处的竞争位置和竞争态势加以定位。

（7）价格定位：从产品的价格上加以定位。

3. 准确传播创业企业的定位观念

创业企业在进行市场定位决策后，还必须大力开展广告宣传，把创业企业的定位观念准确传播给潜在购买者。定位战略包括以下几种：

（1）"针锋相对式"定位：把产品定在与竞争者相似的位置上，同竞争者争夺同一细分市场。实行这种定位战略的创业企业，必须生产出比竞争者更好的产品；该市场容量足够吸纳这两个竞争者的产品；比竞争者拥有更多的资源和实力。

（2）"填空补缺式"定位：寻找新的尚未被占领、但为许多消费者所重视的位置，即填补市场上的空位。这种定位战略有两种情况：一是这部分潜在市场即营销机会没有被发现，在这种情况下，创业企业容易取得成功；二是许多企业发现了这部分潜在市场，但无力去占领，这就需要有足够的实力才能取得成功。

（3）"另辟蹊径式"定位：当创业企业意识到自己无力与同行业强大的竞争者相抗衡从而获得绝对优势地位时，可根据自己的条件取得相对优势，即突出宣传自己与众不同的特色，在某些有价值的产品属性上取得领先地位。

2.3.2 创业企业营销策略

（一）创业营销中的 4P 策略

市场营销组合是企业为了进占目标市场、满足顾客需求，加以整合、协调使用的可控制因素。营销组合策略即 4P 策略，分别是产品（Product）、价格（Price）、渠道（Place）、促销（Promotion）。在创业初期，4P 的范围更为广泛。

1. 产品（Product）

产品策略是指在产品身上下功夫，还应该包括创业项目的选择。只有在确定好创业项目后，才能去谈产品。在我们的日常生活当中，人们每时每刻都需要解决许许多多的困难，只要时时留意并细心观察，总会对某些人存在的困难或需求有所了解和认识，继而产生兴趣，然后找到一些解决方法，商机就这样出现了。

当然，选择好的产品或项目只是第一步，从产品入手，一是要准确界定产品的销售对象，是销售给厂商还是消费者，要细分市场；二是要将自己的产品与其他厂商的同类产品明显区别开来，突出其特色；三是要重点宣传产品的特点和功能；四是要介绍推广产品的可信度、质量、品牌和知名度；五是要认真研究产品的包装；六是要做好售后服务；

七是要制定好新产品开发策略。

2. 价格（Price）

首先要确定基本目标，是销量最大化，还是利润最大化；考虑零售价与批发价之间的合理关系；其次要策划产品定价的基本方法，是按成本导向定价，还是按需求导向定价，或是按竞争导向定价等；再次要权衡产品中的可见价值、成本、利润三者之间的合理比例；最后要协调好产品价格、市场份额、市场规模、产品生命周期、市场竞争程度之间的关系。

在企业创业期，即使选择了一个好的产品，一旦定价失误，也逃脱不了失败的命运。常用的定价方法有以下几种：

（1）成本定价法：一种以成本为中心的定价方法，即产品成本加利润进行定价，是运用较普遍的传统定价方式。

（2）市场定价法：根据竞争对手的竞争地位及价格进行参照定价。

（3）心理定价法：根据顾客能够接受的最高价位进行定价，抛开成本，赚取所能够赚取的最高利润，即顾客能接受什么价就定什么价。

（4）零售定价策略。零售定价策略又可分为以下几种：

1）尾数定价策略：在确定零售价格时，以零头数结尾，使顾客在心理上有一种便宜的感觉，或者按照风俗习惯的要求，价格尾数取吉利数，也可以促进顾客购买。该策略适用于非名牌和中低档产品。

2）整数定价策略：与尾数定价策略相反，利用顾客"一分钱一分货"的心理，采用整数定价，该策略适用于高档、名牌产品，或者消费者不太了解的商品。

3）声望定价策略：主要适用于名牌企业和名牌产品。由于声望和信用高，顾客也愿意支付较高的价格购买。

4）特价价格：这是利用部分顾客追求廉价的心理，企业有意识地将价格定得低一些，达到打开销路或扩大销售的目的，如常见的大减价和大拍卖。

3. 渠道（Place）

渠道是指产品出厂到顾客消费的通道，创业企业一是要根据产品特点、希望加以控制的程度、希望得到的盈利幅度来决定依靠什么渠道将产品分销出去；二是要视分销成本的高低确定产品分销到多大的地理范围；三是要根据周转额大小和周转成本高低来决定产品库存多少；四是要认真研究和选择最为快捷、经济的运输方式。

企业在创业期，产品的渠道选择是企业普遍遭遇的难题，归纳起来，关键需要解决以下3个问题：

什么样的"渠道"最适合企业产品并且适合企业现有的资源状况？

什么样的"渠道"在保持稳定性的同时，又便于企业日后改进？

什么样的"渠道"能尽快出"成绩"，同时又能提升产品的知名度？

若想有效地选择产品渠道，圆满地解决以上3个问题，那么就必须对渠道进行科学的设计与规划。

对于初创业的小企业来说，在销售渠道选择上没有"大鱼"型代理商愿意做自己的代理的情况下，完全可以选择"小鱼"型代理商。借"小鱼""养大"自己的步骤，一是"选苗"，二是"助长"。

深圳市朗科科技有限公司（以下简称朗科）是世界上第一块闪盘——朗科优盘的生产者，公司创立时仅两个人，创建之初在产品小批量生产后，由于没有实力建销售渠道，朗科只能采用代理的形式。朗科产品刚刚投放市场时，企业实力有限，名气也非常小。在这样的条件下，朗科毅然决定选择规模小的代理商，因为小代理商要价低甚至免费，而且小代理商往往会认真对待厂家及其产品。于是朗科选择了一批人品好、事业心强的老板，并具有强烈致富和成功追求愿望的小代理商。短短3个月内，朗科就在全国发展了40多家这样的"小鱼"。同时，朗科还不断"灌水养鱼"：广告配合培育市场，产品研发降低价格，全心全意帮助代理商销售，让"小鱼"获得切实的利益。这些"小鱼"即开始为朗科带来了上亿元的销售额，之后销售更是猛增。

4. 促销（Promotion）

促销是指如何推广产品。创业企业在产品销售过程中首先要设法让顾客了解产品；激起顾客对产品的兴趣；设法让顾客试用产品；设法让顾客再次购买产品；设法培育顾客对产品的忠诚。其次确定产品的促销方式，是用广告宣传拉拢顾客，还是对分销商打折向外推出产品。再次要考虑使用适当的推销方式，如广告宣传，要选好媒体，确定潜在市场覆盖比例和覆盖频率；建立销售队伍，激励分销会员，如组织销量竞赛，实行积分，尝试产销利润分成，举办产品交易会，组织仓储展销等。最后要做好公关工作和宣传介绍。

企业创业期所提供的产品，一般处于产品生命周期的导入期。在导入期，一方面我们必须通过各种促销手段把商品引入市场，力争提高商品的市场知名度；另一方面，新品进入市场的价格定位又决定了渠道客户的接受、认同程度。因此，导入期营销的重点主要集中在价格和促销方面。这里的价格可以理解为渠道价格策略，即渠道的批发价格和市场零售价格。一般有以下4种可供选择的市场策略：

（1）快速掠取策略，即高价格高促销，适合品牌收益导向的产品。一级经销商的批发价格及终端零售价格可以维持在较高的水平，以支持导入期的促销策略。

（2）快速渗透策略，即高价格低促销。这种策略适用于利润导向的产品。

（3）缓慢掠取策略，即低价格高促销。这种策略适用于销售规模导向的主打产品，可以迅速渗透市场，获得较高的市场占有率，有效限制竞争对手。

（4）缓慢渗透策略，即低价格低促销。较低的价格有利于新品在渠道内的快速渗透。

（二）创业企业的低成本营销传播策略

低成本营销，就是在充分考虑和规避市场风险的前提下，以最经济、最合理的投入，实现市场最大化的利益回报，这就需要企业能集中自身现有的资源，洞悉市场发展规律，针对消费文化的多元格局，审时度势，走出一条细分化、差异化道路。同时通过多种宣传手段的组合运用，准确细分，以尽快赢得先机，抢占市场，实现销售。

1. 低成本营销的创新

对创业企业而言，低成本营销更多的是强调稳健、务实和安全，其行为本质，就是要及时发现在投入和产出的相对关系中潜在的、尚未被利用的机会，并且灵活、充分地利用这一机会。创业企业要做好低成本营销，需要从以下3个方面进行创新：

（1）产品创新。除了对产品进行概念、定位、诉求方面的包装，更要结合产品本身的特质和功效，明确产品自身的集中服务对象。对消费者来说，购买产品的目的除了获得核心利益，还期望从中获取附加利益，无论是从情感，还是从精神层面，都希望有所满足。随着市场发展的成熟和理性，消费者不仅需要产品本身的物质属性，也希望产品能够根据时代、消费环境和需求的变化有所增加和改变。因此，创业企业可以运用特征—优点—利益来突出自己产品的附加值。就单一产品来说，即使创业企业自身不具备很强势的背景，也要找出其区别对手的差异化概念或促销手段。因为在产品核心功能趋同的情况下，就看谁能更快、更多、更好地满足消费者的复杂利益整合的需要，谁就能拥有消费者，赢得市场。

（2）模式创新。创业企业要多考虑避开对手锋芒，在宣传造势、通路渠道、促销手段上充分体现既吸引眼球、引发关注，又生动活泼的特点，借此充分调动消费者和潜在消费者的积极性。一方面，可以采取互动营销方式，例如一个新产品上市，可采取"紧急寻找10名健康使者""产品效果，当场公证"等带有事件营销方式借以渲染气氛、聚焦关注度，让消费者亲自参与产品的整个营销过程。另一方面，自身的弱势产品可借助强势、受众面广的品牌或产品进行捆绑促销，借力扬名，客观上给自己找到了一个新的卖点。中国未来的渠道模式，将会出现以渠道为中心的营销逐步向以产品和产品品牌为中心的营销转换，因此，即使是微不足道的产品，只要抓住机会，也能取得良好效果，如新闻营销、事件营销等。

（3）服务创新。服务看似简单，精髓往往在于独创和差异。一般来讲，企业提供的服务，其实也是一种产品，可称为服务产品，服务产品包括核心服务、便利服务和辅助或支持服务。核心服务体现了企业为顾客提供的最基本效用，如优惠派赠、节日送礼、亲自体验等；便利服务是为配合、推广核心服务而提供的便利，如送货上门、来电订购、咨询回访等；辅助服务用以增加服务的价值或区别于竞争者，如"节日有惊喜，健康送大礼"等，这些服务有助于实现差异化营销策略。创业企业可以通过认知并回应不断改变的顾客需求和价值来持续为顾客寻找并创造新的价值。对于很多行业来说，各个企业为顾客提供的核心服务基本一样，所以主要靠增加便利服务和辅助服务来赢得顾客，形成差别，打造核心竞争力。

2. 营销传播策略

在各行业竞争如火如荼的战场上，企业越来越明白营销传播的重要性。一轮接一轮的电视、报纸、网络终端的广告轰炸，那是有钱的大企业使用的营销方式，初创企业如果想要得到良性发展，通过有效的营销传播让经销商、消费者对品牌达到认知从而实现知名度的提升是最基本的工作，毕竟在面对几千甚至几万的竞争品牌中，要想生存首先企业必须出名。而对资金匮乏的初创企业来说，广告轰炸可能是连想都不敢想的事情，可以通过下述策略来实现品牌的有效传播。

（1）明确企业营销传播的目的。没有目的的宣传，可能就让企业的宣传费用打了水漂。因此，作为宣传资金短缺的初创企业来说，好钢要用到刀刃上，必须做到有的放矢，初创企业在宣传时必须明确宣传目的，例如是招商宣传，还是针对终端目标消费者的促销宣传，或是为了品牌建设而制定的有规划、有策略的系列宣传；是长期的宣传，还是即期的宣传。

（2）明确宣传所针对的具体的目标人群。宣传必须有针对的人群，明确企业到底在向谁说，这样宣传有效性就成功了一半；所确定的目标人群必须具体。其实，在企业进行初期产品或品牌市场定位的时候，就应该明确自己的目标消费者。但是现在的大多数初创企业，都是凭经验或跟风上产品，它们是有了产品才考虑营销，并不像大中企业可以有规范的市场部或可以借助营销策划动脑，从而按正规的营销套路出牌。因此，初创企业在宣传的时候必须明确自己宣传所针对的目标人群，换句话说，先有了产品再考虑营销，这也是现如今初创企业的现状。

（3）低成本的营销传播方式的选择。

1）网站平台。网站平台包括门户网站、各品类行业网站、地方性本地网站、与品牌相关联的网站等。网站平台新媒体广告的主要形式有横幅 Banner 广告、焦点图广告、对联广告、漂浮广告等。同时，如果有一定的资金，可以在行业网站的首页发布图标广告链接，单击该链接后就可以进入自己企业的网站，图标广告尽量放在首页醒目的位置，便于上网浏览者发现，并且图标的广告设计要有特色，能够在众多图标广告中突出。

2）移动新闻客户端。目前，市场上比较主流、用户量又比较大的手机新闻客户端分为两种：一种是精准定制类，即根据每个人的阅读习惯定向推荐内容，包括今日头条、一点资讯、天天快报；另一种是常规新闻类，即按照频道划分内容，包括腾讯新闻、网易新闻、搜狐新闻、新浪新闻、凤凰新闻、澎湃新闻等。

3）社交媒体平台。社交媒体平台包括微博、QQ、微信等，微博的广告投放形式有粉丝通、粉丝头条、微博大 V 广告投放等，QQ 和微信上面的广告形式都属于腾讯广点通的产品形态。

4）视频平台。视频平台包括网络视频平台、视频直播、视频分享平台等，创业企业可以做缓冲视频广告和专区整合冠名广告、Banner 广告图、视频暂停广告等。

以上只是部分新媒体营销传播的宣传方式，另外还有电子邮件广告和手机短信群发广告等，这里就不一一列举，企业要根据自己的实际情况制定有针对性的营销传播方式。在宣传的时候，企业要充分考虑到多种媒体同时利用的整合传播模式，让目标受众能从更多的媒体上接触到你的品牌信息，这样产生的效果会更明显。

2.4　创业企业融资管理

2.4.1　创业融资概述

（一）融资的概念

融资是指企业运用各种方式向金融机构或金融中介机构筹集资金的一种业务活动。创业融资即初创企业筹建资金的行为与过程，也就是初创企业根据自身的生产经营状况、资金拥有状况及企业未来经营发展的需要，通过科学的预测和决策，采用一定的方式，从一定的渠道向投资者和债权人去筹集资金，组织资金的供应，以保证企业正常生产需要、经营管理活动需要的理财行为。

（二）初创企业的合作模式

常见的创业合作模式主要有下述 5 种。

1. 导师＋弟子合作制

"导师＋弟子合作制"通常是由某技术领域权威科学家带领学科弟子创办的企业，创业所依托的技术成果往往具有较高技术含量和明显的竞争优势，这种创业模式最大的优点是创业成功率高。

2. 个人＋公司合作制

"个人＋公司合作制"通常由技术持有人与可提供合作资金的企业联合创办。这种创业模式运营的企业的创业成功率较高，仅次于"导师＋弟子合作制"模式。

3. 个人＋投资商合作制

"个人＋投资商合作制"通常由技术持有人与民间资本拥有者共同创办。这种创业模式和运作机制在一定程度上类似于"个人＋公司合作制"模式，差异在于前者的投资方主要是各类所有制企业，后者的投资方属于拥有资金的个人。这一创业模式的成功率受投资人个性因素影响较大，成功率一般低于"个人＋公司合作制"模式。

4. 同学合伙制

"同学合伙制"通常是由一帮志同道合的同学联合创办。这种创业模式的前提是创业团队中必须有人能提供或解决创业所需的启动资金，这种模式的创业成功率较低。

5. 家族合伙制

"家族合伙制"通常由一个拥有技术或创意的人在家族的全力支持下创办。这种创业模式成功的关键在于家族必须拥有足够的资金支持创业企业的后续发展，并且能随时为创业者提供合适的家族成员参与企业管理和营销。

上述 5 种创业模式的所需条件、优势、风险提示与成功率如表 2.2 所示。

表 2.2　5 种创业模式所需条件、优势、风险提示与成功率

创业模式	所需条件	优势	风险提示	成功率
导师＋弟子合作制	导师为学科带头人，拥有一项或多项技术发明或成果；有创业激情和一定的整合社会资源能力；在师生关系中具有绝对的权威；弟子队伍技术研究与开发实力较强	企业人力资源成本较低，对企业忠诚度较高，后续技术研发支撑比较有力	管理人员对市场配置的依赖性较强，企业运营的短板往往取决于职业经理人个人素质的高低	最高
个人＋公司合作制	创业者必须拥有一项或多项在同行业领先或独特的成果；具有一定的企业运营经验，有良好的创业心态与合作意识；具备一定的应对企业可控与不可控危机的能力	企业成熟度高，要素资源整合与匹配合理，企业成长性好，抗风险力较强	企业做到一定规模，技术持有人与投资方存在相互侵吞的隐患；投资方企业人事变更也可导致合作中断	较高
个人＋投资商合作制	创业者是专业技术或企业管理领域的行家，熟悉各种创业投资品种、金融工具与合作规律，有广泛的人脉资源；具备良好的诚信品德及人际交往、沟通能力，应对风险能力强	一定程度上能快速解决技术与资本短期对接，有助于市场资源自由匹配	不易解决企业先天管理缺陷，由于双方预期差异，合作局限于短期项目，不大可能涉足长期投资	一般
同学合伙制	拥有一个志同道合、具有创业激情的团队；成员各有所长，能力互补；能够解决创业启动资金；有成熟的创业项目和规范的企业运营制度	沟通成本较低，信任感较好，在初创未有盈利期能保持较好的合力与冲劲；可安置大学生就业的人数最多	企业运营不规范、股权结构不清晰，企业发展到一定规模，决策、运营和利益分配矛盾可致企业毁灭	较低
家族合伙制	创业者家族经济殷实且愿意为创业者提供经费支持；家族具有较强的凝聚力、资源调配能力和抗风险能力，可随时提供企业运营急需的高素质人才	信任感好，人力资源成本较低，企业凝聚力较强	向社会整合资源的能力较差，对家族资金实力，以及家族成员在管理、营销等方面人才的依赖性强	较低

2.4.2　创业融资渠道

　　融资渠道就是指企业筹措资金的方向和通道，体现了资金的来源和流量。了解企业的融资类型和融资方式对企业的生存和发展是极其关键的，特别是对创业企业能否成功创立、顺利发展具有重要的意义。

（一）融资方式和资金来源

1. 债务融资与权益融资

　　债务融资是指利用涉及利息偿付的金融工具来筹措资金的融资方法，通常也就是贷款，其偿付只是间接地和企业的销售收入和利润相联系。如果对创业企业的债务结构进行细分，则其主要分为直接债务融资和间接债务融资两类。直接债务融资包括：业主贷款或主要股东贷款、商业贷款、亲友贷款、内部职工借款、商业票据发行和债券发行。

间接债务融资包括：商业银行贷款、其他非银行金融等机构贷款、融资租赁等形式。

权益融资无须资产抵押，它赋予投资者在企业中某种形式的股东地位。投资者分享企业的利润，并按照预先约定的方式获取资产的分配权。企业常见的权益融资有两种：一种是通过公开发行或私募发行的方式发行证券；另一种是通过企业内源性融资来获得，也就是把获取的利润不以红利的形式分配给股东，而是将其以股东权益的形式留存在企业内部，用以支持企业的长期发展。

选择融资方式的关键因素就是获得资金的可能性、企业的资产及当时的利率水平。通常创业者会将债务融资和权益融资结合起来，满足自己的资金需求。

2. 内部融资与外部融资

企业使用的资金最为常见的是由内部生成的。企业有多种内部资金来源：经营的利润、出售资产的收入、流动资产的削减、支付项目的增加、应收账款的回收等。如果通货膨胀的水平不高，而租赁条款又较宽松，只要可以，就应当租赁使用资产，而不是拥有资产，这将有助于创业者对现金的掌握，而现金在公司经营的起步阶段极为关键。

资金的另一个来源就是企业的外部融资。外部融资的渠道各有利弊，创业者要从资金可用的时间长短、资金成本及公司控制权的丧失等多方面进行综合考虑，然后选择最佳的融资渠道。创业者在创业之初，对外部融资渠道的选择和利用是相当重要的。

（二）融资渠道

1. 自筹资金

自筹资金是创业初期最基本的筹资途径，其中包括自身存款、亲属资助、朋友及民间借贷。除了自己拥有的资金，通常只有与创业者有良好关系的个人才愿意借出资金，才愿意冒着很大的风险加入创业项目。很多人一创业就想找风险投资或天使资金，但初始阶段这样做是很难如愿的，只能竭尽全力挖掘自己身边的资源，并尽量低成本起步，支撑创业者走过艰难的起步期。

2. 银行借贷

银行借贷是指银行根据国家政策以一定的利率将资金贷放给资金需要者，并约定期限归还的一种经济行为。银行贷款的种类有很多，对于企业而言主要有经营性贷款和政策性贷款。创业企业由于刚刚起步，企业发展前景不够明朗，市场认可度有待验证，缺乏信用记录、稳定的现金流量和利润，没有满足银行所要求的充足的抵押品，很难从银行获得常规的经营性贷款。

银行贷款的优点是利息支出可以在税前抵扣，融资成本低，运营良好的企业在债务到期时可以续贷；缺点是一般要提供抵押（担保）品，还要有不低于30%的自筹资金。由于要按期还本付息，如果企业经营状况不好，那么就有可能导致债务危机。

3. 风险投资

风险投资是指投资人将风险资本以股权投资的方式，投资于新近成立或快速成长的新兴公司（主要是高科技公司，包括基于创新型商业模式的现代服务企业），以用于该企业技术及其产品的研究开发和市场推广；投资者在承担很大风险的基础上，为所投资企业提供增值服务，旨在促进技术成果尽快商品化、产业化，培育企业快速成长，数年后再通过上市、兼并或其他股权转让方式撤出投资，取得高额投资回报的一种投资过程。

风险投资在对拟投资企业价值进行评估的基础上，在所投资企业占据一定股份，并且提出一系列的要求，干预企业的决策和经营管理。

风险投资的基本特征包括以下几个：

（1）投资对象多为处于创业期的中小企业，而且多为高新技术企业或现代服务业。

（2）投资期限通常为 3～5 年，投资方式为股权投资，一般会占被投资企业 15%～30% 的股权，而不要求控股权，也不需要任何担保或抵押。

（3）投资决策建立在高度专业化和程序化的基础之上。

（4）风险投资人一般积极参与被投资企业的经营管理，提供增值服务。

（5）由于投资目的是追求超额回报，因此，当被投资企业增值后，风险投资人会通过上市、收购、兼并或其他股权转让方式撤出资本，实现增值后的回收。

4. 天使投资

天使投资是一种非组织化的创业投资形式，是指自由投资者（个人）或非正式风险投资机构（团体）对有发展前景的原创项目构思或对初创期小企业进行早期权益性资本投资，以帮助这些企业迅速启动的一种民间投资方式。可以说，天使投资人是"年轻"公司甚至处于起步阶段的公司的最佳融资对象，他们是在创业企业的产品和业务成型之前（即种子期）就可能把资金投进来的一群人。

那些乐意进行这种高风险早期投资、兼具"冒险家"与"慈善家"双重特征的投资者一方面看重创业企业和创业项目的发展潜力，另一方面是对社会的一种贡献和回报，他们把这种投资行为看作对社会的一种推动。

（1）天使投资的主要特征。

1）天使投资的金额一般较小，而且是一次性投入，对创业企业的审查也并不严格。它更多的是基于投资人的主观判断或由个人的好恶决定。

2）很多天使投资人本身是企业家，了解创业者面临的难处。

3）天使投资人不一定是百万富翁或高收入人士。他们可能是你的邻居、家庭成员、朋友、公司伙伴、供货商或任何愿意投资公司的人士。

4）优秀的天使投资人不但可以带来资金，也能带来一定的资源网络；如果他们是知名人士，则还可提高公司的信誉和影响力。

（2）天使投资的运用和发展。天使投资的运用和发展，直接影响到创业型经济的发育，其有赖于政府、企业与天使投资人的共同努力。

1）对于创业者，关键在于风险的控制与天使投资的寻找。

第一，需通过有效的途径寻求可能的天使资本，尽可能准备一份有吸引力的商业计划书。知名创业家和天使投资人周鸿祎认为，年轻的创业者在商业计划书方面往往会犯三个错误：喜欢定性的描述，不定量，说得很多，但是没有信息量；绕弯子，不能直接切入商业核心；常常在假设条件下描述产品的价值。

第二，做好风险的控制。初创期的企业很脆弱，如果第一步就犯下比较严重的错误或错失时机，那么其结局一般只能宣告失败。从天使投资人的角度出发，要尽量避免这种事情发生。产生这种结果的原因可能有三个：一是天使投资人和创业者对这个行业都不熟悉，遇到问题很难随机应变；二是团队本身在对项目进行评估的时候太乐观；三是企业缺乏应对风险的预案。

2）对于天使投资人，关键在于项目的筛选与辅助企业的成长。判断一个创业公司是否值得投资的标准有两个：第一，产品是否真的能够给客户提供价值；第二，创业者本人和团队的判断如何。在投资前一定要看准人，在后来的操作中如果换人，那么也就意味着投资失败了。同时，对于天使投资人来讲，最重要的不是资金，而是辅导企业完成从 0 到 1 的蜕变和奠定企业从 1 到 100 的发展基础。天使投资人充当的是一个创业导师的角色，他必须能够指导或帮助企业设计出可行的业务模式和盈利模式，并让企业尽快起飞。专业的天使投资人通常在所投资企业的董事会中占据一个席位，并有可能提供多方面的管理支持。

5. 财税政策支持

鉴于创业企业和中小企业在经济和社会发展中所具有的重要战略地位，针对创业型企业在融资条件上存在的天然不足，财政部门不断加大对中小企业的财税扶持力度，创新扶持方式，积极为中小企业营造公平和宽松的发展环境，助力中小企业走出"融资难"的困境。中华人民共和国财政部先后设立了科技型中小企业技术创新基金、中小企业发展专项资金、中小企业国际市场开拓资金等专项资金（基金），从不同方面引导和支持中小企业发展，资金规模逐年增长。

由于中小企业量大、面广，资金政策与中小企业的实际需求存在较大差距，因此，为更好拓宽中小企业融资渠道，财政部门还积极改进和创新支持方式，一方面积极促进中小企业信用担保体系建设，另一方面实施创业投资引导基金政策，通过少量财政资金吸引和撬动较大规模的市场资金，扶持中小企业跨越创业阶段的"死亡地带"，为中小企业融资探索了一条新路径。

创业者可以通过检索中华人民共和国科学技术部和所在地区的科技部门、生产力中心、高新区管委会或创业服务中心的网站获得关于政府创业基金的信息，成长型的企业还可以通过检索中华人民共和国工业和信息化部、中华人民共和国国家发展和改革委员会等部门的网站获取关于政策性产业扶持基金的信息。通常，对于政府鼓励发展的战略性新兴产业，包括环保产业、农业产业等，都可能有一些政策性扶助资金与优惠措施。

6. 其他融资途径

除了上述几种常见的融资途径，还有一些其他的融资类型，如担保融资、小额信贷、供应链融资、集群融资等创新金融工具和产品。创业企业可以通过当地的银行、担保公司、小额信贷机构等了解这些金融服务。

2.4.3　创业融资策略

（一）影响创业融资决策的因素

资金是创业企业从事生产经营活动的"血液"，如何筹备企业所需资金是每个创业者首要考虑到的内容。每个企业在进行融资方式选择时，必须清楚了解影响企业融资决策的相关因素，主要分为内部因素和外部因素两个方面。

1. 内部因素

影响企业融资决策的内部因素主要包括企业的发展前景、盈利能力、经营和财务状况、行业竞争力、资本结构、控制权、企业规模、信誉等方面。在市场机制作用下，内部因素是在不断变化的，企业融资决策也应该随着这些内部因素的变化而做出灵活的调整，以适应企业在不同时期的融资需求变化。

2. 外部因素

企业融资决策的外部因素是指对企业融资决策的选择产生影响的外部客观环境，主要包括政治环境、经济环境和科技环境。政治环境是指政治的稳定有利于社会的安定与和谐，可以营造良好的生产氛围，促进创业企业健康平稳发展。经济环境是指创业企业受宏观经济环境因素的影响，在经济增长较快时，企业可以通过发行股票和债券的方式筹集资金，以分享经济发展成果；在经济发展较缓慢时，企业应适当缩小生产规模。科技环境是指科技进步可以提高创业企业的生产能力，增加企业收入。相对地，科技进步也可能导致创业企业的产品和技术贬值，影响企业收入。

（二）创业融资决策的原则

1. 收益与风险相匹配原则

创业企业融资的目的是将所筹资金投入企业运行，最终获取经济收益，实现企业利润最大化。但是在取得收益的同时，企业也会承担相应的风险。创业企业的特点是规模小、抗风险能力低，一旦风险演变为最终的损失，必然会给企业带来巨大的不利影响。因此，创业企业在融资时不能只顾眼前利益，应做到收益和风险相匹配。

2. 融资规模量力而行原则

创业企业在决策融资规模时应该非常谨慎，如果投资过多，则可能会造成资金闲置浪费，增加融资成本，导致负债过多，增加运营风险；如果融资不足，则又会影响企业正常业务开展。因此，企业在进行融资决策时，主要根据企业对资金的需求、自身的实际条件及融资的难易程度，量力而行来确定企业合理的融资规模。

3. 融资成本最低原则

在一个成熟的资本市场中，融资成本是决定企业融资与否及采取何种融资方式的首要因素。不同的融资方式，融资成本悬殊。即便是使用个人融资，表面上看不用支付任何费用，但个人融资存在进行其他投资选择、获取相应的收益机会，因而其机会成本就是使用成本。因此，创业者应根据自身对资金的需求量按成本最低原则选择融资方式。

4. 融资期限适宜原则

权益性融资一般没有固定的偿还日期，它是终生的投资，能满足企业长期的资金需求，投资者承担可能的收益减少及破产的风险。而债务性融资通常有一定的期限限制，到期后，需要还本付息。创业者可根据自身对资金期限的实现需求来选择融资类型，或者选择综合型的融资组合。

5. 保持企业控股权原则

个人融资是创业者自己的资金，所以对企业控制权没有影响。债务性融资由于债权人无权参与公司的管理决策，从而可保障股东对公司的控制权。相比之下，权益性融资尤其是股权融资将稀释公司股权，从而会引起公司控股权、控制权、收益分配权和资产所有权等权利的分散。创业者在选择融资方式时，应尽量避免丧失对企业的控制权。

读书笔记

第 2 部分
实践篇

第 3 章 单片机硬件基础

3.1 单片机常用外围器件

3.1.1 三八译码器 74HC138

在使能情况下，74HC138 译码器可以根据 3 位二进制地址输入值（C、B、A），控制对应输出端（Y0～Y7）输出低电平。

74HC138 逻辑符号如图 3.1 所示，功能表如表 3.1 所示。

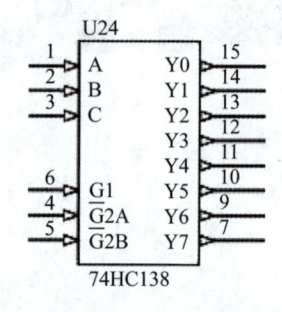

图 3.1　74HC138 逻辑符号

表 3.1　74HC138 功能表

输入						输出							
G_1	$\overline{G2A}$	$\overline{G2B}$	C	B	A	$\overline{Y0}$	$\overline{Y1}$	$\overline{Y2}$	$\overline{Y3}$	$\overline{Y4}$	$\overline{Y5}$	$\overline{Y6}$	$\overline{Y7}$
1	0	0	0	0	0	0	1	1	1	1	1	1	1
1	0	0	0	0	1	1	0	1	1	1	1	1	1
1	0	0	0	1	0	1	1	0	1	1	1	1	1
1	0	0	0	1	1	1	1	1	0	1	1	1	1
1	0	0	1	0	0	1	1	1	1	0	1	1	1

续表

输入					输出							
G₁	$\overline{G2A}$	$\overline{G2B}$	C	B	A	$\overline{Y0}$	$\overline{Y1}$	$\overline{Y2}$	$\overline{Y3}$	$\overline{Y4}$	$\overline{Y5}$	$\overline{Y6}$	$\overline{Y7}$
1	0	0	1	0	1	1	1	1	1	1	**0**	1	1
1	0	0	1	1	0	1	1	1	1	1	1	**0**	1
1	0	0	1	1	1	1	1	1	1	1	1	1	**0**
0	X	X	X	X	X	1	1	1	1	1	1	1	1
X	1	X	X	X	X	1	1	1	1	1	1	1	1
X	X	1	X	X	X	1	1	1	1	1	1	1	1

表 3.1 中，G1、$\overline{G}$2A 和 $\overline{G}$2B 为使能端，当 G1=1、$\overline{G}$2A =0、$\overline{G}$2B =0 时，译码器处于工作状态；当 G1=0 或 $\overline{G}$2A 和 $\overline{G}$2B 中有一个为 1 时，译码器处于禁止工作状态。

C、B、A 为地址输入端，CBA 顺序组成的 3 位二进制码控制某一个输出端 Yn 输出 0。例如，当 CBA=100 时，二进制 100 等于十进制 4，则 $\overline{Y4}$ 输出 0，其余输出端输出 1。

74HC138 在单片机应用系统主要用于 I/O 扩展，通常配合 74HC573 锁存器使用。

3.1.2 锁存器 74HC573

74HC573 是 8 路输入 8 路输出的透明锁存器，逻辑符号如图 3.2 所示，功能表如表 3.2 所示。当使能端（LE）为高电平时，输出端（Q）将随数据端（D）输入而变化。当使能端为低电平时，输出端（Q）保持 LE 由高电平变低电平前一瞬间状态不变，输出端（Q）的状态不受输入端影响。也就是说，LE=1 时，Q7Q6Q5Q4Q3Q2Q1Q0=D7D6D5D4D3D2D1D0。

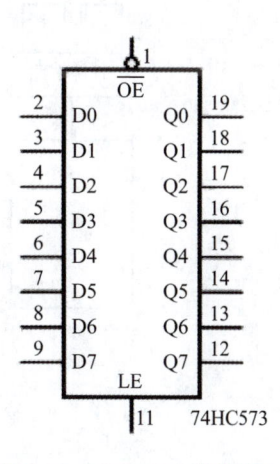

图 3.2 74HC573 逻辑符号

表 3.2 74HC573 功能表

输入			输出
输出使能	锁存使能	D	Q
0	1	1	1
0	1	0	0
0	0	X	不变
1	X	X	Z

74HC573 可以驱动大电容或低阻抗负载，可以直接连接系统总线接口并驱动总线，特别适用于缓冲寄存器、I/O 通道、双向总线驱动器和工作寄存器。

3.2　AT89S51 单片机

3.2.1　AT89S51 单片机的内部组成

单片机（Single Chip Microcomputer，SCM）是一种超大规模集成电路芯片，它由中央处理器（Central Processing Unit，CPU）、只读存储器（Read-Only Memory，ROM）、随机存取存储器（Random Access Memory，RAM）、输入/输出（Input/Output，I/O）接口电路、定时器/计数器等组成。

AT89S51 单片机内部结构如图 3.3 所示。

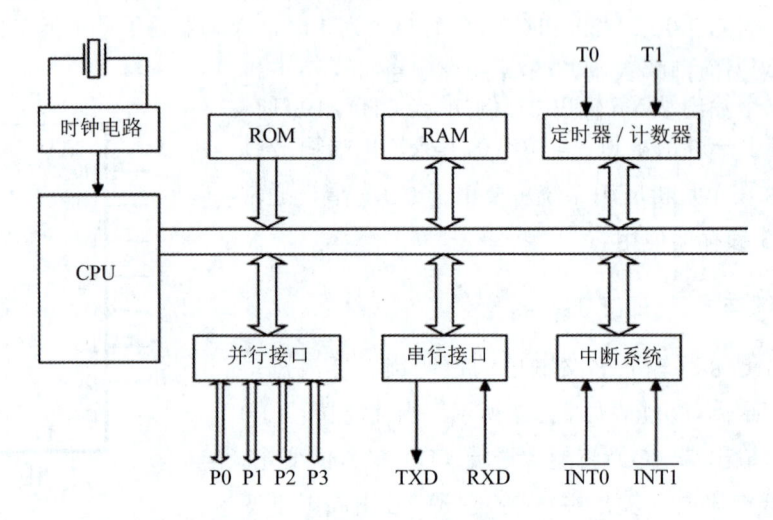

图 3.3　AT89S51 单片机内部结构

中央处理器：单片机控制核心，包括运算器和控制器两大部分，主要实现算术、逻辑运算和指令控制功能。

数据存储器 RAM：AT89S51 内部有 128B 存储单元，可存放读写的数据、运算的中间结果等。

程序存储器 ROM：AT89S51 内部有 4KB 的 Flash ROM 存储器，可以存放用户程序、原始数据或表格。

定时器/计数器：片内两个 16 位的可编程定时器/计数器，以实现定时或计数功能。

中断系统：有 5 个中断源，包括两个外中断、两个定时器/计数器中断和一个串行中断，并具有 2 级的优先级别选择。

串行接口（简称串口）：内置一个全双工串行接口，用于与其他设备间的串行数据传输，也可以用来扩展并行接口。

并行接口：4 个 8 位并行 I/O 接口（P0、P1、P2 或 P3），实现数据的输入 / 输出功能。

3.2.2　AT89S51 单片机的引脚功能

AT89S51 单片机引脚排列如图 3.4 所示。

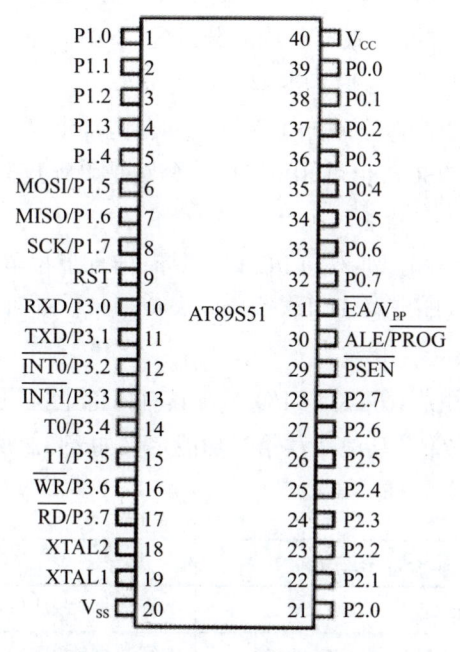

```
         ┌─────────┐
  P1.0 ─┤1      40├─ Vcc
  P1.1 ─┤2      39├─ P0.0
  P1.2 ─┤3      38├─ P0.1
  P1.3 ─┤4      37├─ P0.2
  P1.4 ─┤5      36├─ P0.3
MOSI/P1.5─┤6     35├─ P0.4
MISO/P1.6─┤7     34├─ P0.5
 SCK/P1.7─┤8     33├─ P0.6
   RST ─┤9      32├─ P0.7
RXD/P3.0─┤10 AT89S51 31├─ EA/Vpp
TXD/P3.1─┤11     30├─ ALE/PROG
INT0/P3.2─┤12     29├─ PSEN
INT1/P3.3─┤13     28├─ P2.7
 T0/P3.4 ─┤14     27├─ P2.6
 T1/P3.5 ─┤15     26├─ P2.5
 WR/P3.6 ─┤16     25├─ P2.4
 RD/P3.7 ─┤17     24├─ P2.3
  XTAL2 ─┤18     23├─ P2.2
  XTAL1 ─┤19     22├─ P2.1
   Vss ─┤20     21├─ P2.0
         └─────────┘
```

图 3.4　AT89S51 单片机引脚排列

（1）电源引脚。

V_{CC}：接 +5V 电源。

V_{SS}：接地端。

（2）时钟引脚。

XTAL1/XTAL2：若采用片内时钟振荡方式，则 XTAL1、XTAL2 引脚需要外接石英晶体和振荡电容；若采用外部时钟方式，则 XTAL1 引脚需接地，XTAL2 引脚为外部时钟输入端。

（3）控制引脚。

ALE/ $\overline{PROG}$：地址锁存允许信号。当访问片外存储器时，ALE 是锁存低 8 位地址的控制信号，用于将 P0 口输出的低 8 位地址锁存在片外的地址锁存器中；当不访问外存储器时，ALE 引脚周期性地以 1/6 振荡频率向外输出正脉冲，可用于对外输出时钟或定时。$\overline{PROG}$ 为该引脚的第二功能，对片内 ROM 编程时，作为编程脉冲输入端。

$\overline{PSEN}$：外部程序存储器地址允许输出端，低电平有效。

$\overline{EA}$ /VPP：外部程序存储器地址允许输入端。当 $\overline{EA}$ 为高电平时，CPU 执行片内存储器指令，当程序计数器 PC 的值超过 0FFFH 时，将自动转向执行片外程序存储器指令；

当$\overline{EA}$为低电平时，CPU 只执行片外存储器指令，对片内 RAM 编程时，VPP 作为编程电压的输入端。

RST：复位信号输入端。引脚上保持两个机器周期的高电平将使单片机复位。

（4）I/O 引脚。

P0 口：P0.7～P0.0 引脚，漏极开路的双向 I/O 口。当 AT89S51 扩展外存储器时，P0 口可作为地址总线（低 8 位）及数据总线的分时复用端口。此外，P0 口也可作为通用的 I/O 口使用，但需加上拉电阻，这时为准双向口。

P1 口：P1.7～P1.0 引脚，准双向 I/O 口，具有内部上拉电阻，通用的 I/O 口。P1.5/MOSI、P1.6/MISO 和 P1.7/SCK 也可 SPI 接口，分别是串行数据输入、串行数据输出和移位时钟引脚。

P2 口：P2.7～P2.0 引脚，准双向 I/O 口，具有内部上拉电阻。当 AT89S51 扩展外存储器时，P2 口作为高 8 位地址总线用，输出高 8 位地址。此外，P2 口也可作为通用的 I/O 口使用。

P3 口：P3.7～P3.0 引脚，准双向 I/O 口，具有内部上拉电阻。P3 口可作为通用的 I/O 口使用。P3 口还可提供第二功能，其第二功能定义如表 3.3 所示。

表 3.3　P3 口第二功能定义

引脚	第二功能	说明
P3.0	RXD	串行数据输入口
P3.1	TXD	串行数据输出口
P3.2	$\overline{INT0}$	外部中断 0 输入
P3.3	$\overline{INT1}$	外部中断 1 输入
P3.4	T0	定时器 0 外部计数输入
P3.5	T1	定时器 1 外部计数输入
P3.6	$\overline{WR}$	外部数据存储器写选通输出
P3.7	$\overline{RD}$	外部数据存储器读选通输出

第 4 章
单片机开发环境与工具

单片机开发环境与工具包括 Keil C51 集成开发环境、STC-ISP 程序下载软件和 CT107D 单片机综合实训平台等。

4.1　Keil C51 集成开发环境

Keil C51 是美国 Keil Software 公司出品的 51 系列兼容单片机 C 语言软件开发系统。Keil 提供了包括 C 编译器、宏汇编、连接器、库管理和一个功能强大的仿真调试器等在内的完整开发方案。目前常用的 Keil C51 系列有以下几个版本：

（1）Keil μVision4。Keil μVision4 引入灵活的窗口管理系统，使开发人员能够使用多台监视器。其新的用户界面可以更好地利用屏幕空间和更有效地组织多个窗口，提供一个整洁、高效的环境来开发应用程序；支持 ARM 芯片，还添加了一些其他新功能。

2011 年 3 月，ARM 公司发布最新集成开发环境 RealView MDK 开发工具中集成了最新版本的 Keil μVision4，其编译器、调试工具实现与 ARM 器件的最完美匹配。

（2）Keil μVision5。2013 年 10 月，Keil 正式发布了 Keil μVision5 IDE。Keil μVision5 是一个把项目管理、源代码编辑和程序调试等集成到一个功能强大的环境中的集成开发环境，它包含一个高效的编译器、一个项目管理器和一个 MAKE 工具。Keil μVision5 支持所有的 Keil C51 工具，包括 C 编译器、宏汇编器、连接器/定位器和目标代码到 HEX 的转换器。

Keil C51 软件提供丰富的库函数和功能强大的集成开发调试工具，全 Windows 界面，可以完成编辑、编译、连接、调试和仿真等整个开发流程。

开发人员可用 IDE 本身或其他编辑器编辑 C（C51）或汇编（A51）源文件，然后分别由 C51 及 C51 编译器编译生成目标文件（.obj）。目标文件可由 LIB51 创建生成库文件，也可以与库文件一起经 L51 连接定位生成绝对目标文件（.abs）。ABS 文件由 OH51 转换成标准的 HEX 文件，以供调试器 dScope51 或 tScope51 使用进行源代码级调试，也可由仿真器使用直接对目标板进行调试，还可以直接写入程序存储器如 EPROM。

本节主要介绍 Keil μVision4 的使用方法。

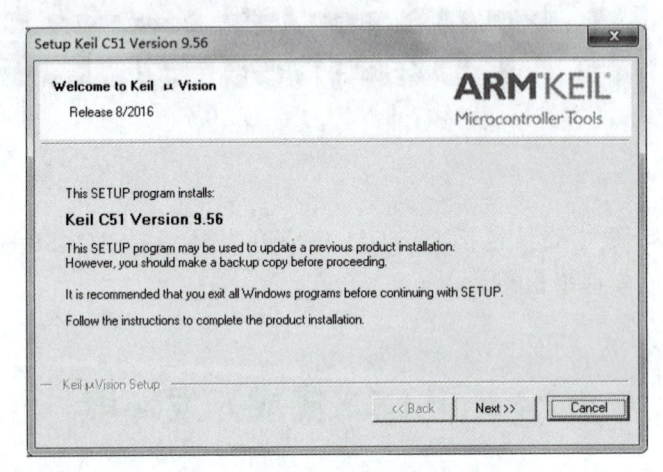

4.1.1　Keil μVision4 集成开发环境的安装

Keil μVision4 集成开发环境的安装文件是 Keil.C51. V9.56.exe，双击该文件启动 Keil μVision4 的安装，出现如图 4.1 所示的安装界面。

图 4.1　Keil μVision4 安装界面

单击 Next 按钮，出现如图 4.2 所示的软件安装许可协议界面。

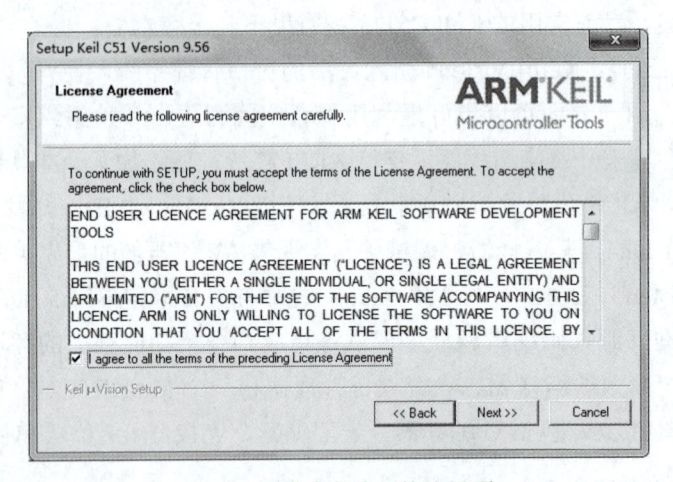

图 4.2　软件安装许可协议界面

勾选其中的 I agree to all the terms of the preceding License Agreement 复选项，单击 Next 按钮，出现如图 4.3 所示的选择安装路径界面。

选择合适的安装路径后，单击 Next 按钮，进入用户信息输入界面，填写完用户信息后，单击 Next 按钮，出现如图 4.4 所示的软件安装进程界面。

等待安装过程结束，出现如图 4.5 所示的软件成功安装结束提示界面。

单击 Finish 按钮，完成 Keil μVision4 的安装。

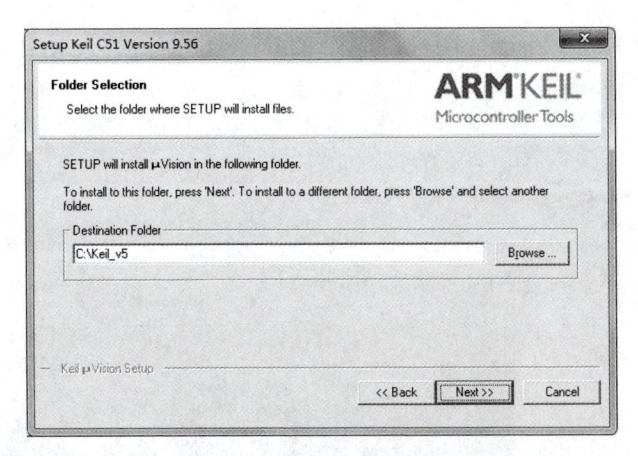

图 4.3　选择安装路径界面

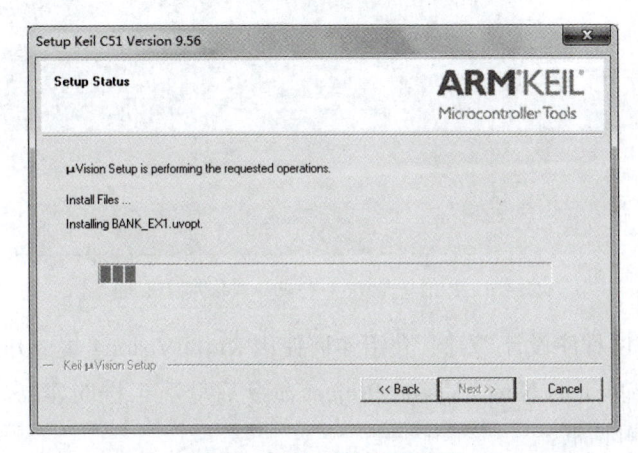

图 4.4　软件安装进程界面

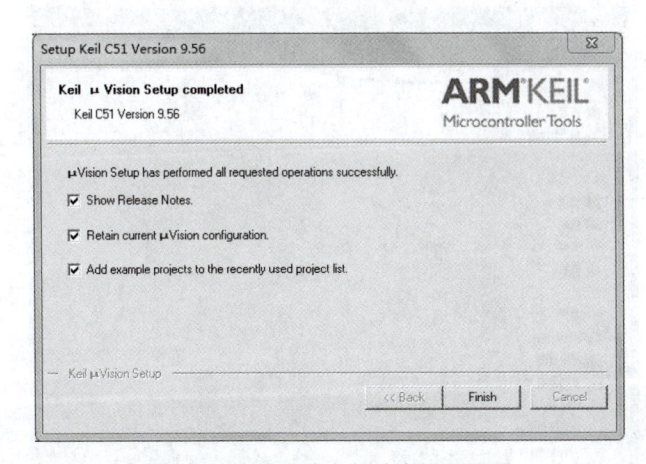

图 4.5　软件成功安装结束提示界面

4.1.2　Keil μVision4 集成开发环境的使用

在 Windows 操作系统的"开始"菜单下的"所有程序"中找到 Keil μVision4 程序，

或者单击桌面上的 Keil μVision4 图标,运行 Keil μVision4,进入 Keil μVision4 集成开发环境主界面,如图 4.6 所示。

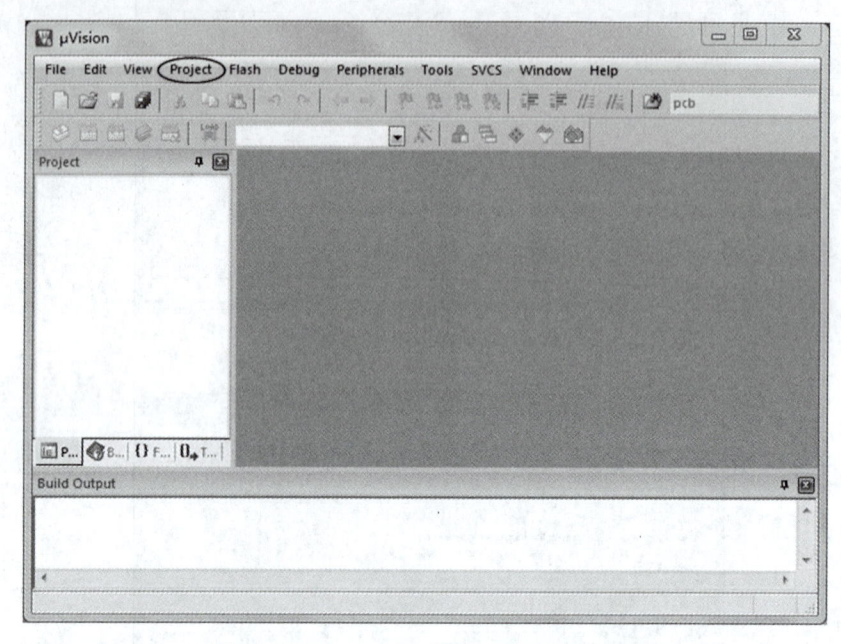

图 4.6　Keil μVision4 集成开发环境主界面

下面以"2.1 LED 程序设计"为例,介绍如何使用 Keil μVision4 集成开发环境建立工程。

执行 Project 菜单下的 New μVision Project 命令启动新工程的建立,出现如图 4.7 所示的"新建工程"对话框。

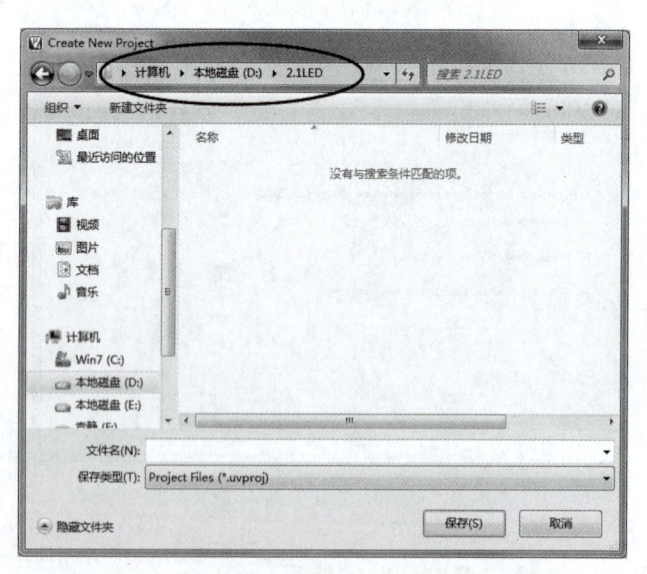

图 4.7　"新建工程"对话框

为了便于对工程进行管理,对每个工程可以新建一个文件夹,例如本例中新建的文件夹为 D:\2.1LED，进入 2.1LED 文件夹后在"文件名"文本框中输入工程名称（例如 LED），单击"保存"按钮，出现如图 4.8 所示的界面，选择目标单片机的型号。

(a)

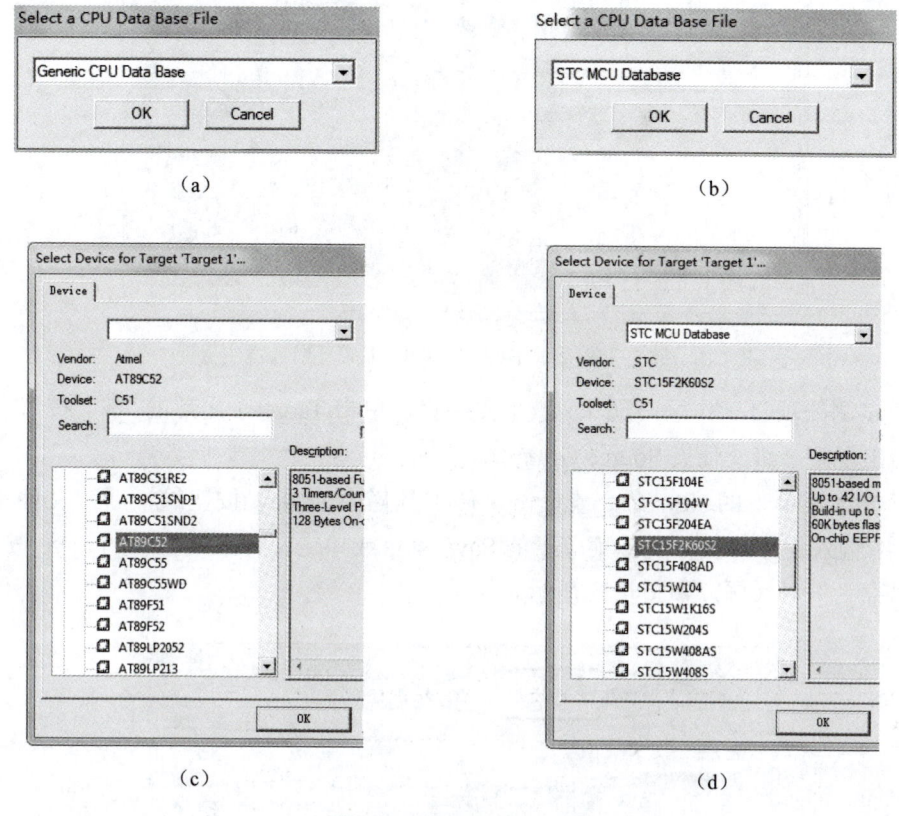

(b)

(c)

(d)

图 4.8　选择单片机的型号

先选择单片机大类，如图 4.8（a）或图 4.8（b）所示，若选择图 4.8（a）中的单片机类则出现如图 4.8（c）所示的目录树，从中找到 Atmel 公司产品项，单击 Atmel 之前的"+"按钮展开目录树，在其中找到并选择 AT89C52 型号单片机；若使用 STC 单片机产品，则选用如图 4.8（b）所示的 STC 类单片机，并在如图 4.8（d）所示的目录树中找到 STC 相应产品项。单击 OK 按钮，出现如图 4.9 所示的对话框，提示是否加载启动代码。

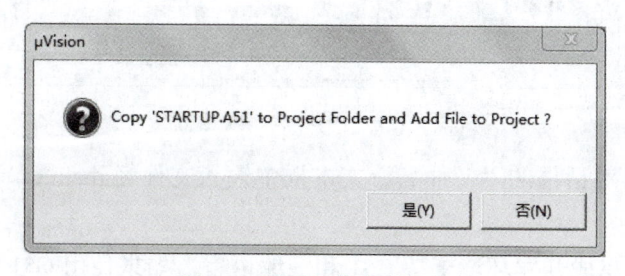

图 4.9　是否加载启动代码

单击"否"按钮，出现如图 4.10 所示的界面。

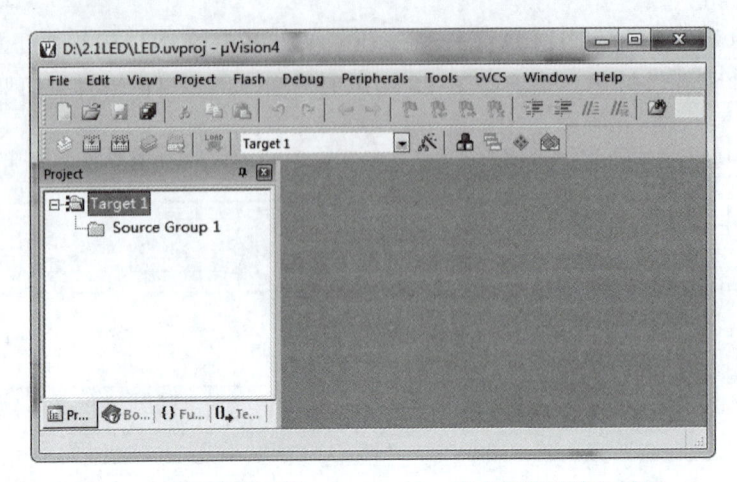

图 4.10 建立工程后的 Keil μVision4 集成开发环境主界面

界面左侧的项目工作区出现 Target 1 文件夹，单击 Target 1 之前的"+"按钮展开该文件夹，出现下一级文件夹 Source Group 1。

执行 File 菜单下的 New 命令或单击文件工具栏中的 New 按钮，新建文件 Text1，在 Text1 中输入程序，执行 File 菜单下的 Save 命令或单击文件工具栏中的 Save 按钮，弹出"另存为"对话框，如图 4.11 所示。

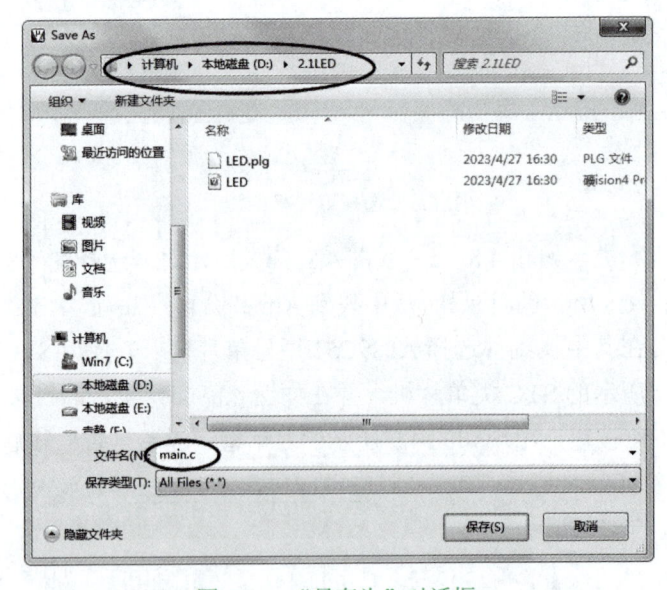

图 4.11 "另存为"对话框

在"另存为"对话框的"文件名"文本框中输入文件名 main.c，单击"保存"按钮保存文件。

Keil μVision4 集成开发环境支持 C51 和汇编语言，如果使用 C51 语言编程，则保存文件的扩展名为".c"；如果使用汇编语言编程，则保存文件的扩展名为".asm"。

保存文件后，还需要将该文件添加到工程中，方法：右击 Source Group 1 文件夹，在弹出的快捷菜单中执行 Add Existing Files to Group 'Source Group 1' 命令，出现如图 4.12 所示的"添加文件到组"对话框。

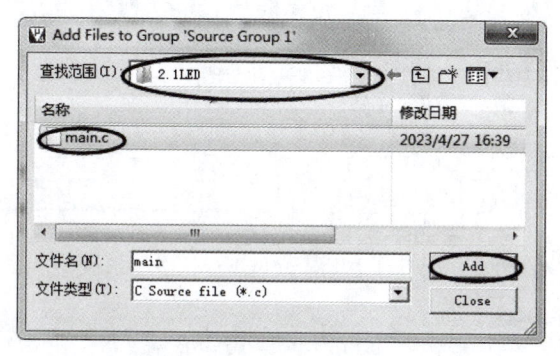

图 4.12 "添加文件到组"对话框

选择其中的 main.c 文件，单击 Add 按钮将 main.c 文件添加到工程中，单击 Close 按钮关闭对话框。

执行 Project 菜单下的 Build Target 命令或单击生成工具栏中的 Build 按钮▦编译工程，主界面下方的输出窗口显示编译结果。如果编译正确，则可以看到提示 0 个错误与 0 个警告，如图 4.13（a）所示；如果源程序中有语法错误，则会在主界面下方的输出窗口中提示发生错误或警告，如图 4.13（b）所示，双击某一行，根据错误提示信息查找错误并纠正错误后重新编译，直到编译正确为止。

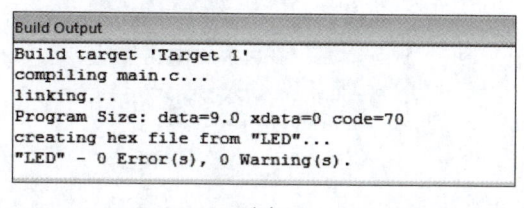

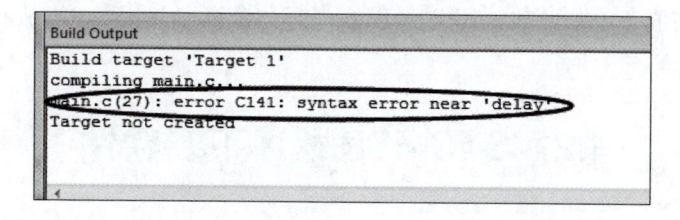

图 4.13 编译结果

编译正确后，执行 Debug 菜单下的 Start/Stop Debug Session 命令或单击文件工具栏中的 Start/Stop Debug Session 按钮❋进入调试界面，如图 4.14 所示。

调试界面的左侧显示相关寄存器的内容，如 r0～r7、a、dptr、pc 和 psw 等，可以通过观察这些寄存器内容的变化来判断程序功能的正确性。

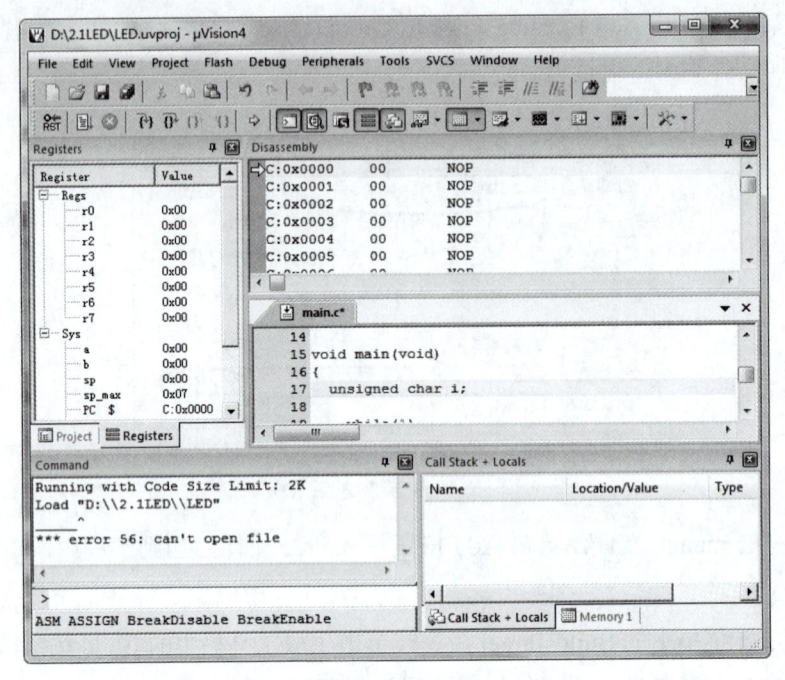

图 4.14 调试界面

执行 Peripherals 菜单下 IO-Ports 子菜单中的 Port 0 命令，弹出"并口 0"对话框，如图 4.15 所示。

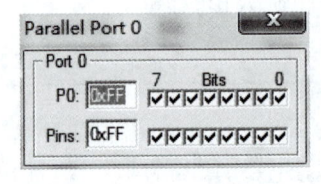

图 4.15 "并口 0"对话框

执行 Debug 菜单下的 Run 命令或单击调试工具栏中的 Run 按钮 运行程序，可以看到对话框中 P0 的值在不断变化，Bit7 ～ Bit0 中有一个空白（代表 0）从右向左移动。

4.2 STC-ISP 程序下载软件

（1）目标选项设置。默认情况下，Keil 项目编译后不会产生目标代码 HEX 文件，为了使项目编译后能自动生成 HEX 文件，需要进行目标选项设置，方法：右击左侧窗口中的 Target 1 文件夹，在弹出的快捷菜单中执行 Option for Target 'Target 1' 命令，或者执行 Project 菜单下的 Option for Target 'Target 1' 命令，或者单击生成工具栏中的 Option for Target 按钮 ，弹出"目标选项"对话框，在对话框中单击 Output 标签，勾选 Create HEX File 复选项，如图 4.16 所示。

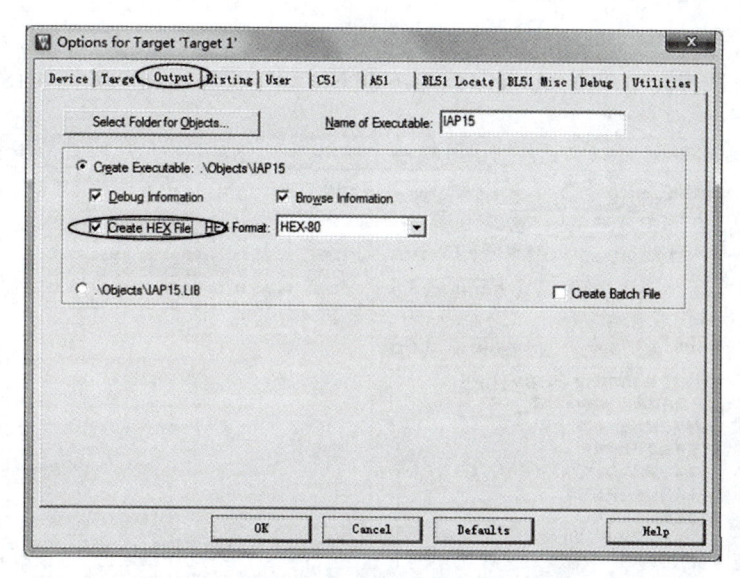

图 4.16 输出选项设置

设置完成后，重新编译工程，在工程所在文件夹的 Objects 文件夹中可以找到生成的 HEX 文件，文件名和工程名相同。

（2）USB 转接串口号的识别。计算机和 CT107D 的通信通过 USB 转串口实现，将 CT107D 通过 USB 与计算机相连（注意先不要给开发板通电，即电源指示灯不应点亮。如果电源指示灯被点亮，则按一下电源开关，将电源供电关闭），Windows 会自动安装驱动程序，如果不能自动安装，则可以执行 CH341SER.exe 手动安装。

接下来需要确认计算机系统识别出的串口号。在"计算机管理"的"系统工具"中单击"设备管理器"，如图 4.17（a）所示，打开设备管理器，单击"端口（COM 和 LPT）"前的"+"按钮，可以查看 USB 转接的串口号，如图 4.17（b）所示，记住这个串口号（COM3：实际串口号可能不同），在接下来的 STC-ISP 软件中设置的串口号必须和这里查看的串口号一致（实际上 STC-ISP 可以自动识别这个串口号）。

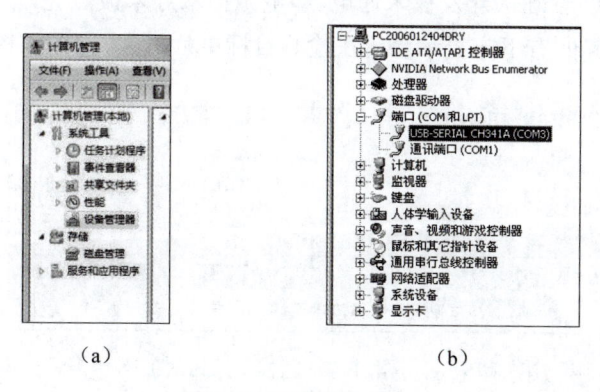

(a)　　　　　　　　　　(b)

图 4.17 查看串口号

（3）STC-ISP 程序的下载。STC-ISP 的执行文件是 stc-isp-15xx-v6.86.exe，程序下载

步骤如下：

1）打开下载界面：双击 stc-isp-15xx-v6.86.exe 运行程序，出现如图 4.18 所示的界面。

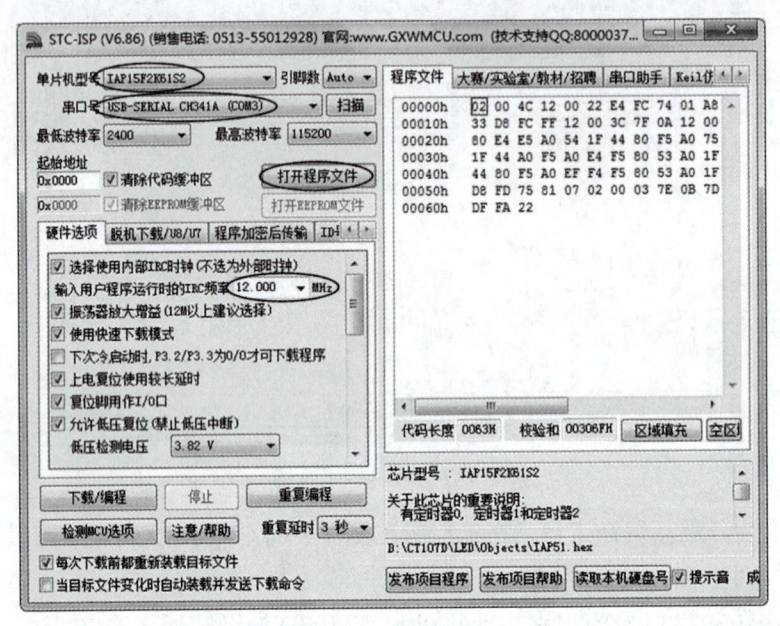

图 4.18　STC-ISP 界面

2）选择单片机型号：在左上方的"单片机型号"下拉列表框中选择单片机型号，开发板上的单片机型号为 IAP15F2K61S2。

3）确认串口号与计算机系统识别一致：将开发板通过 USB 与计算机相连，在"串口号"下拉列表框中选择 USB-SERIAL CH341A (COM3)。

4）选择程序文件 HEX 代码：单击"打开程序文件"按钮，打开工程文件夹 D:\2.1LED 下的 LED.hex 文件，界面右上方的"程序文件"标签中将出现加载的十六进制程序代码。

5）选择 IRC 频率：在"硬件选项"中选择 IRC 频率为 12.000MHz。

6）下载程序代码：确认开发板未通电，即电源指示灯未被点亮，单击界面左下方的"下载/编程"按钮，界面右下方显示"正在检测目标单片机"，如图 4.19 所示。

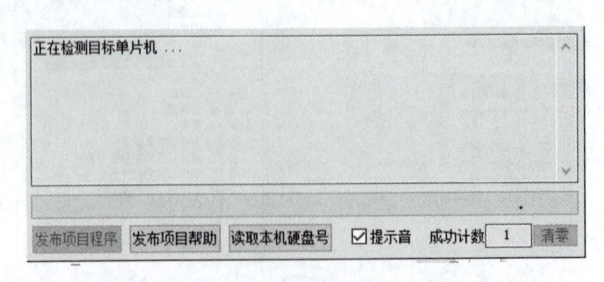

图 4.19　单击"下载/编程"按钮后的提示信息

按下开发板上的电源开关，开发板电源指示灯被点亮，STC-ISP 检测到单片机，显示当前芯片的硬件选项，并开始下载程序，下载完成后显示"操作成功！"，如图 4.20 所示。

同时开发板运行程序，LED 流水显示。

图 4.20　程序下载成功后的提示信息

如果操作不成功，请检查是否正确安装了驱动程序，可以打开设备管理器查看是否正确分配了串口号，且 STC-ISP 软件中设置的串口号是否和设备管理器中查看到的串口号一致。

4.3　IAP15F2K61S2 程序调试方法

程序调试是程序设计的重要步骤，通过调试，不仅可以验证程序的功能，而且能发现和纠正程序中的功能错误。

（1）安装 Keil 版本的 STC 仿真驱动。在 STC-ISP 界面右上方选择"Keil 仿真设置"标签，单击"添加型号和头文件到 Keil 中"按钮，弹出"浏览文件夹"对话框，在对话框中选择 Keil 安装文件夹（通常为 C:\Keil），单击"确定"按钮，STC-ISP 界面中提示"STC MCU 型号添加成功！"，如图 4.21 所示。

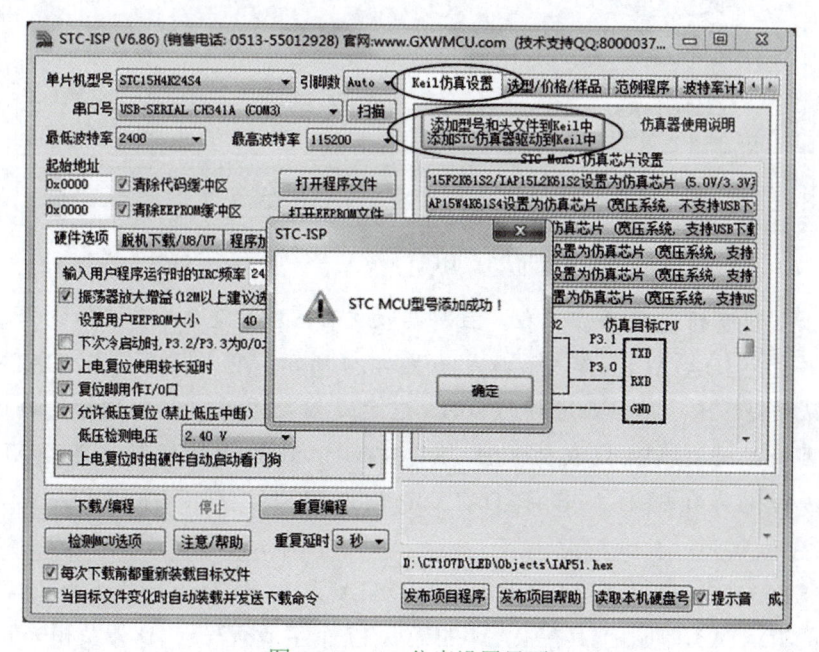

图 4.21　Keil 仿真设置界面

添加成功后，C:\Keil\C51\BIN 文件夹中出现 STC Monitor51 仿真驱动程序 stcmon51.dll，同时 C:\Keil\C51\INC\STC 文件夹中出现 STC 头文件，在 Keil 中新建工程选择芯片型号时，便会出现 STC MCU Database 选项，如图 4.22 所示。

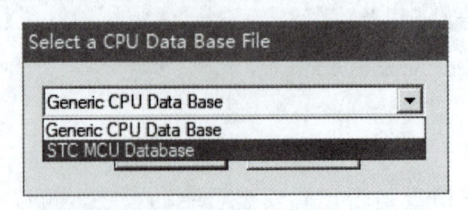

图 4.22　附加的 STC MCU Database 选项

然后从 MCU 列表框中选择 MCU 型号（目前 STC 支持仿真的型号只有 STC15F2K60S2），如图 4.23 所示。

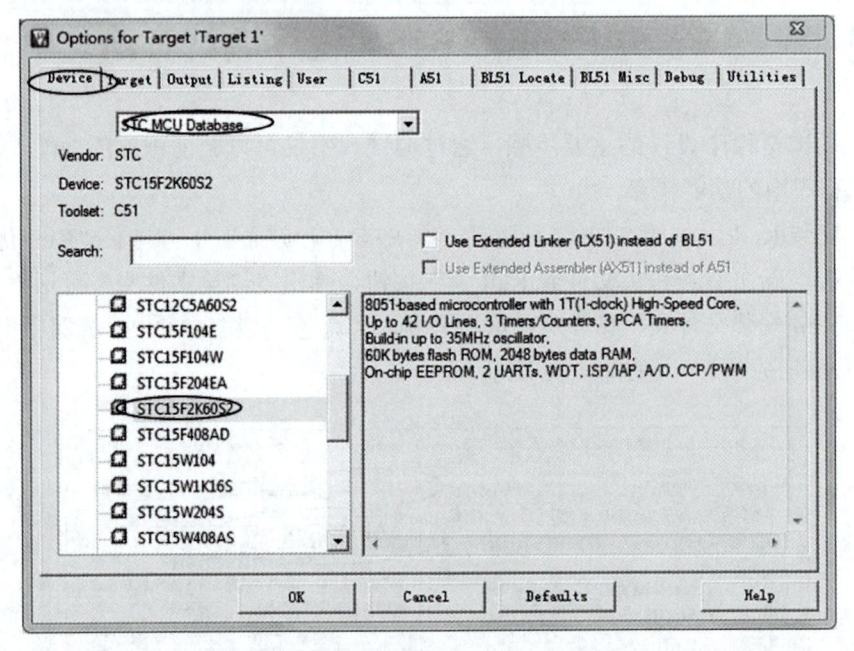

图 4.23　MCU 型号选择界面

注意：当创建的是 C 语言工程，且将启动文件 STARTUP.A51 添加到工程中时，里面有一个名称为 IDATALEN 的宏定义，如图 4.24 所示，它是用来定义 IDATA 大小的一个宏，默认值是 128，即十六进制的 80H，它也是启动文件中需要初始化为 0 的 IDATA 的大小。因此，若 IDATA 定义为 80H，STARTUP.A51 里面的代码会将 IDATA 的 00-7F 的 RAM 初始化为 0；同样，若将 IDATA 定义为 0FFH，则会将 IDATA 中的 00-FF 的 RAM 初始化为 0。

虽然 STC15F2K60S2 系列单片机的 IDATA 大小为 256 字节（00-7F 的 DATA 和 80H-FFH 的 IDATA），但由于其在 RAM 的最后 17 个字节有写入 ID 号及相关的测试参数，因此，若用户在程序中需要使用这一部分数据，则一定不要将 IDATALEN 定义为 256。

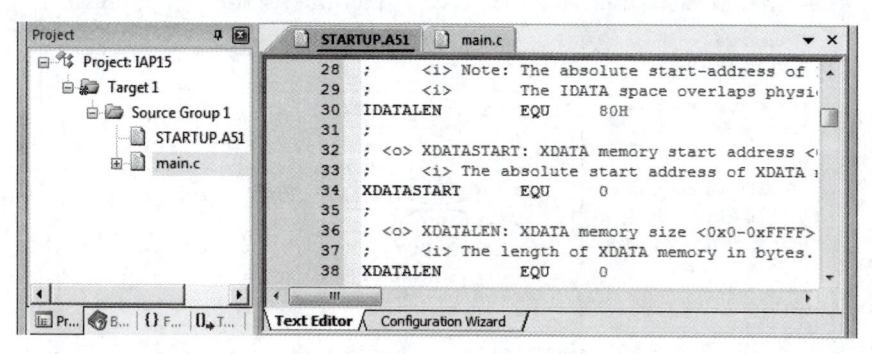

图 4.24　宏定义 IDATALEN

（2）创建仿真芯片 IAP15F2K61S2。打开 STC-ISP 界面，选择正确的单片机型号（IAP15F2K61S2）和串口号（USB-SERIAL CH341A (COM3)），在"Keil 仿真设置"标签中单击"将 IAP15F2K61S2/IAP15L2K61S2 设置为仿真芯片"按钮，界面右下方显示"正在检测目标单片机"，按下开发板上的电源开关，STC-ISP 检测到单片机后开始下载仿真程序，当程序下载完成后仿真器便制作完成，如图 4.25 所示。

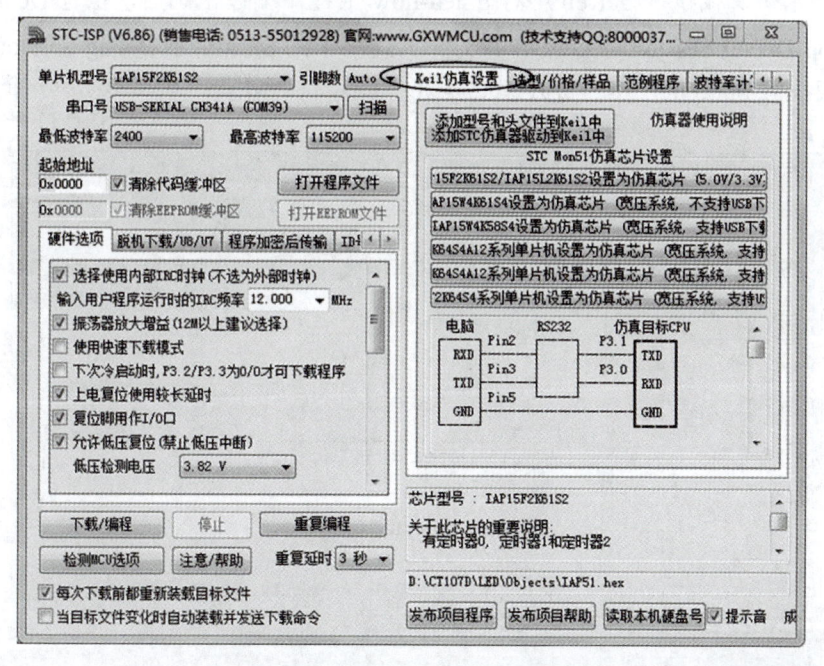

图 4.25　创建仿真芯片 IAP15F2K61S2

（3）硬件仿真驱动选择。在目标选项对话框中单击 Debug 标签，选择右侧的硬件仿真"Use:"，从仿真驱动下拉列表框中选择 STC Monitor-51 Driver 选项，勾选 Run to main() 复选项，单击 Settings 按钮打开目标设置对话框，选择串口（COM3）和波特率（115200），单击 OK 按钮关闭目标设置对话框和目标选项对话框，如图 4.26 所示。

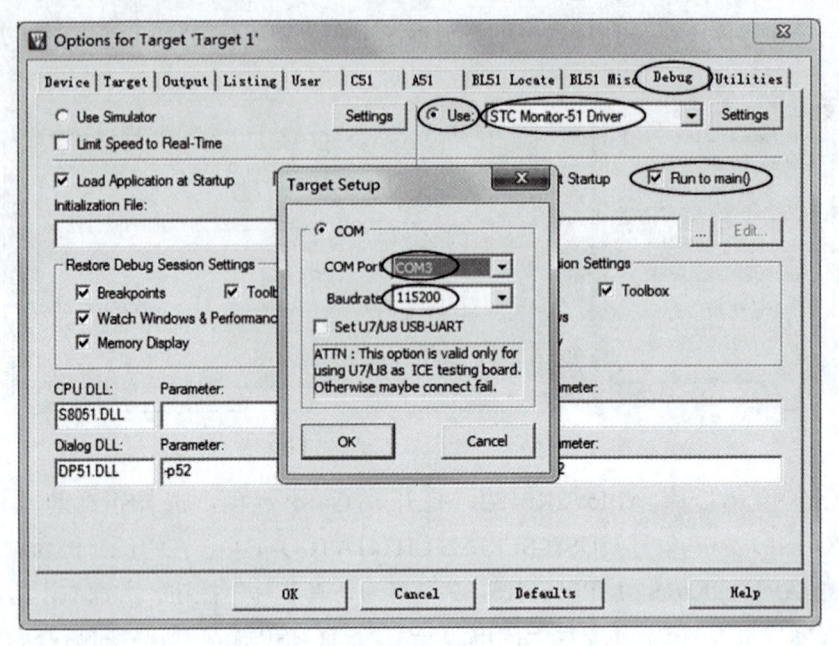

图 4.26　硬件仿真驱动选择

（4）开始仿真调试。在 Keil 中打开 led-flow 工程，编译正确后，执行 Debug 菜单下的 Start/Stop Debug Session 命令或单击文件工具栏中的 Start/Stop Debug Session 按钮，将编译结果下载到 MCU，然后进入调试界面，如图 4.27 所示。

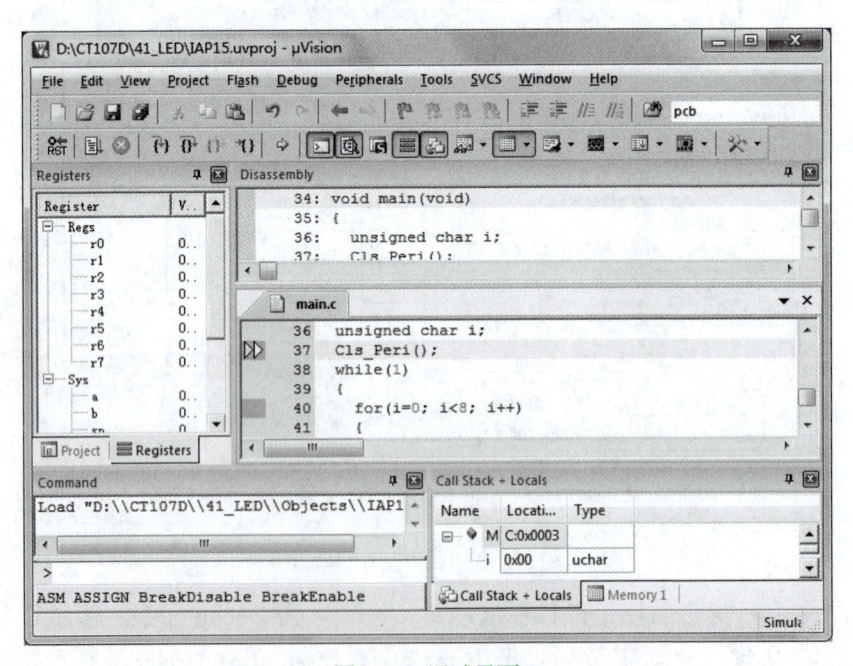

图 4.27　调试界面

调试界面中的调试工具栏如图 4.28 所示，其中包含调试用的工具按钮。

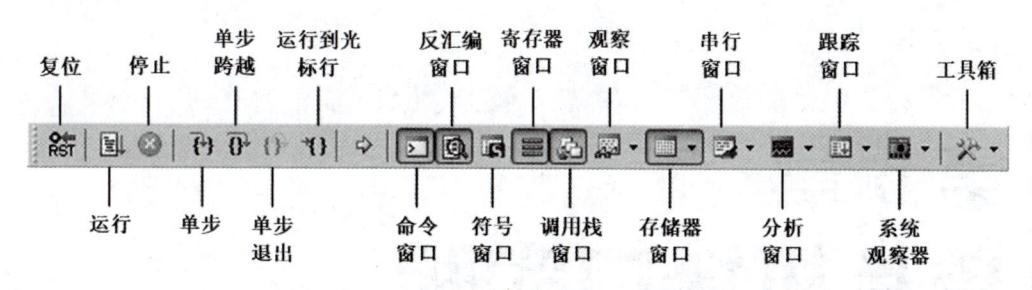

图 4.28 调试界面中的调试工具栏

执行 Debug 菜单下的 Run 命令或单击调试工具栏中的 Run 按钮 运行程序，CT107D 上的 L1～L8 流水显示。

STC-ISP 除了具有程序下载和仿真设置，还具有其他实用功能，如串口助手、波特率计算器、定时器计算器和软件延时计算器等。

第 5 章
单片机接口实验

5.1 流水灯控制实验

5.1.1 实验要求

指示灯 L1～L8 以 0.2s 为间隔，依次点亮。

5.1.2 实验原理

CT107D 单片机综合训练平台的 LED 硬件电路如图 5.1 所示。

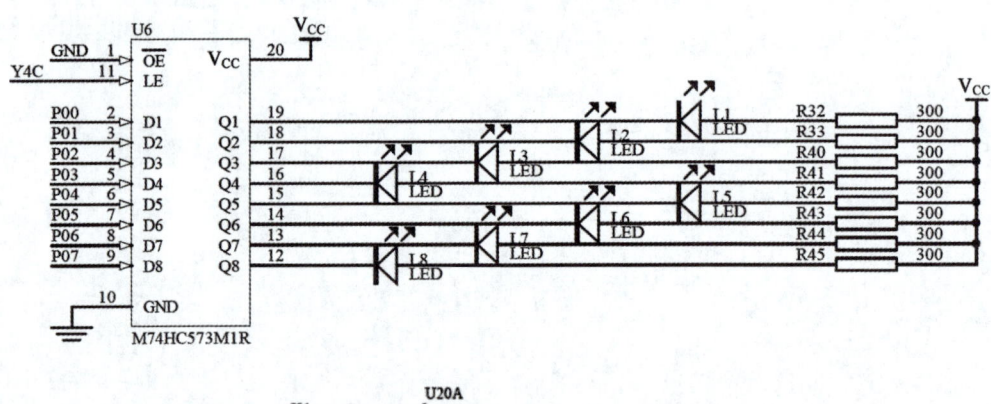

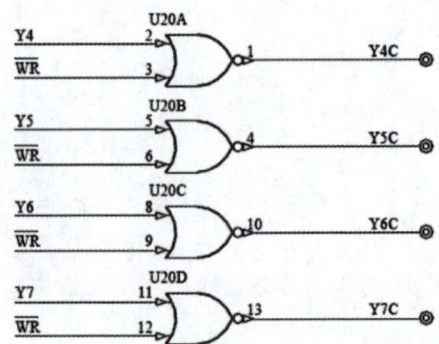

图 5.1（一）　CT107D 单片机综合训练平台的 LED 硬件电路

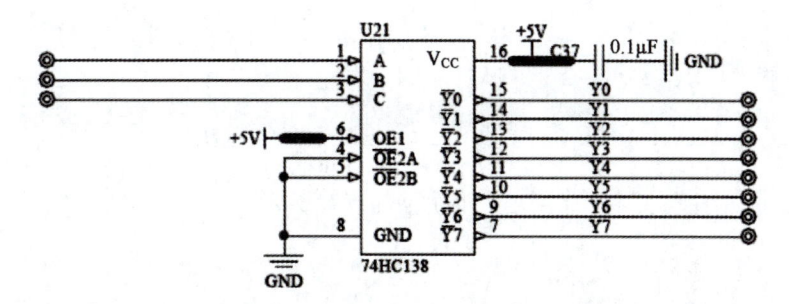

图 5.1（二）　CT107D 单片机综合训练平台的 LED 硬件电路

电路采用 M74HC573M1R 锁存器对单片机 P0 口的输出信号进行缓冲，驱动 LED 发光。其中 U6 的锁存输入 Y4C = $\overline{Y4 + WR}$ = $\overline{Y4} \cdot \overline{WR}$，Y4 是译码器输入 P27～P25 为 100 时的有效输出。

74HC573 的锁存控制：单片机 P25、P26、P27 输出控制信号，当 P25=0、P26=0、P27=1 时，经 74HC138 和 74HC02 的组合逻辑电路，使 Y4C 上输出高电平信号，控制驱动 LED 的 573 锁存器处于导通状态；当 P25=0、P26=0、P27=0 时，Y4C 上输出低电平信号，使控制 LED 的 573 锁存器处于锁存状态。

5.1.3　实验程序

```c
#include "reg52.h"
// 简单的延时函数，可由 STC-ISP 自动生成
void Delay200ms()                    //@12.000MHz
{
    unsigned char i, j, k;
    _nop_();
    _nop_();
    i = 10;
    j = 31;
    k = 147;
    do
    {
        do
        {
            while (--k);
        } while (--j);
    } while (--i);
}

// 主函数入口
void main(void)
{
    unsigned char i;
    while(1)
```

```
    {
        for(i=0; i<8; i++)
        {
            P2 = ((P2&0x1f)|0x80);      // 将 P0 口连接至指示灯模块
            P0 = ~(0x01<<i);            // 左移 i 位,按位取反
            P2 &= 0x1f;                 // 断开 P0 口连接
            Delay200ms();
        }
    }
}
```

5.2 蜂鸣器和继电器控制实验

5.2.1 实验要求

蜂鸣器发声、不发声两种状态往复切换,继电器吸合、断开两种状态往复循环。

5.2.2 实验原理

CT107D 单片机综合训练平台的蜂鸣器硬件电路如图 5.2 至图 5.4 所示。

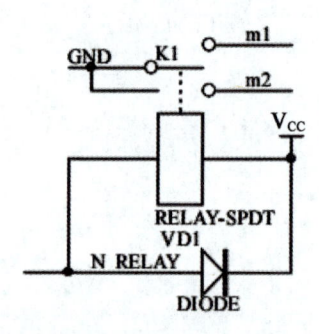

图 5.2 CT107D 单片机综合训练平台的蜂鸣器硬件电路

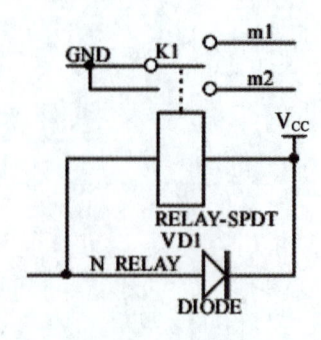

图 5.3 CT107D 单片机综合训练平台的继电器硬件电路

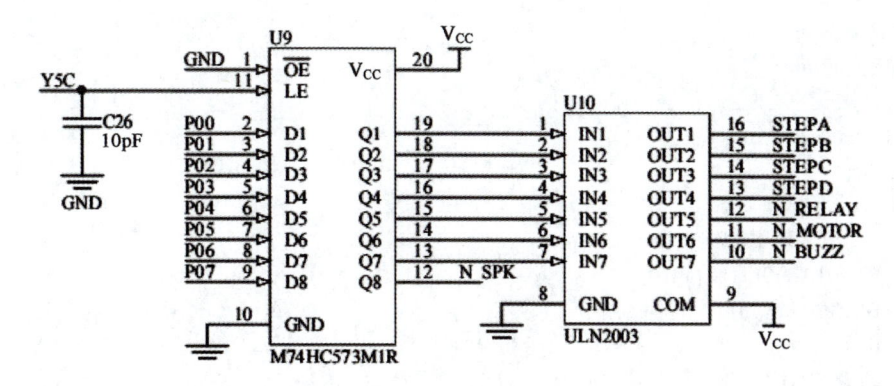

图 5.4 达林顿驱动电路模块

电路采用 M74HC573M1R 锁存器对单片机 P0 口的输出信号进行缓冲，驱动蜂鸣器发声和控制继电器吸合和断开。其中 U9 的锁存输入 Y5C = $\overline{Y5+WR}$ = $\overline{Y5}\cdot\overline{WR}$，Y5 是译码器输入 P27～P25 为 101 时的有效输出。

74HC573 的锁存控制：单片机 P25、P26、P27 输出控制信号，当 P25=1、P26=0、P27=1 时，经 74HC138 和 74HC02 的组合逻辑电路，使 Y5C 上输出高电平信号，控制驱动蜂鸣器和继电器的 573 锁存器处于导通状态；当 P25=0、P26=0、P27=0 时，Y5C 上输出低电平，使控制蜂鸣器和继电器的 573 锁存器处于锁存状态。

5.2.3 实验程序

```c
#include "reg52.h"
sbitBUZZ = P0^6;      // 定义蜂鸣器的驱动通道
sbitRELAY = P0^4;     // 定义继电器的驱动通道

// 简单的延时函数，可由 STC-ISP 自动生成
void Delay200ms()     //@12.000MHz
{
    unsigned char i, j, k;
    _nop_();
    _nop_();
    i = 10;
    j = 31;
    k = 147;
    do
    {
        do
        {
            while (--k);
        } while (--j);
    } while (--i);
}
```

```
// 主函数入口
void main(void)
{
  P0=0x00; // 关闭外设
  while(1)
  {
    // 打开蜂鸣器和继电器
    P2 = ((P2&0x1f)|0xa0);
    BUZZ = 0;
    RELAY = 1;
    P2 &= 0x1f;
    delay();
    // 关闭蜂鸣器和继电器
    P2 = ((P2&0x1f)|0xa0);
    BUZZ= 1;
    RELAY = 0;
    P2 &= 0x1f;
    delay();
  }
}
```

5.3　定时器实验

5.3.1　实验要求

指示灯 L11～L18 以 1s 为间隔，依次循环亮/灭。

5.3.2　实验原理

IAP15F2K61S2 单片机内部集成 3 个 16 位的定时器/计数器 T0、T1 和 T2，其本质是一个加法计数器，对输入脉冲进行计数，若计数脉冲来自系统时钟，则为定时器方式；若计数脉冲来自 T0（P34）、T1（P35）或 T2（P31）引脚，则为计数方式。

定时器/计数器 T0 和 T1 具有 4 种工作方式，由特殊功能寄存器 TMOD 中的 M1 和 M0 引脚决定，如表 5.1 所示。

表 5.1　定时器/计数器 T0 和 T1 的 4 种工作方式

M1M0	工作方式	功能说明
00	方式 0	16 位自动重装初值的定时器/计数器
01	方式 1	16 位的定时器/计数器
10	方式 2	8 位自动重装初值的定时器/计数器
11	方式 3	T0 被分成两个 8 位的定时器/计数器，T1 停止计数

STC-ISP 软件提供了定时器初始化生成器，只需要设定相关参数便可自动生成 C 代码或 ASM 代码，如图 5.5 所示。

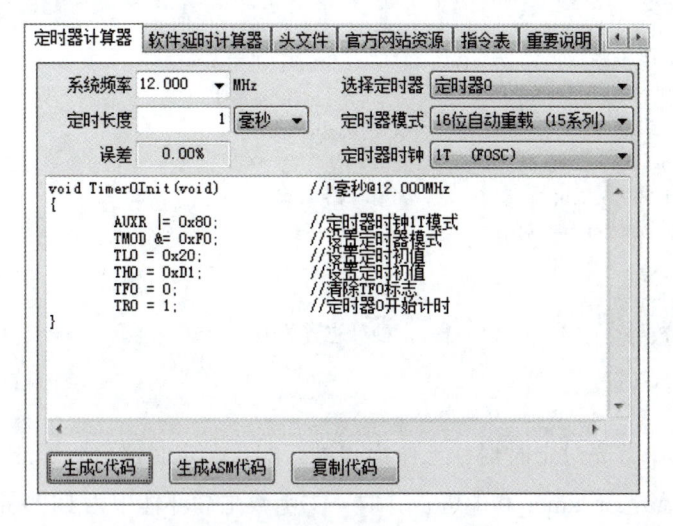

图 5.5　STC-ISP 定时器计算器

5.3.3　实验程序

```
#include"reg52.h"
#include"intrins.h"
unsigned char interrupt_counter = 0;      // 中断次数
bit second_flag = 0;                       // 秒标志

// 主函数
void main(void)
{
    unsigned char i = 0;
    TMOD |= 0x01;                          // 定时器 0，工作方式 1
    TH0 = (65536-5000)/256;
    TL0 = (65536-5000)%256;
    ET0 = 1;
    EA = 1;
    TR0 = 1;
    while(1)
    {
        if(second_flag == 1)
        {
            second_flag = 0;
            P1 = ~(0x01<<i);
            if(++i == 8)
            {
                i = 0;
```

```
        }
      }
    }
}
// 定时器 0 中断服务函数
void isr_timer_0(void) interrupt 1
{
    TH0 = (65536-5000)/256;
    TL0 = (65536-5000)%26;          // 定时器重载
    if(++interrupt_counter == 200)
    {
        interrupt_counter = 0;
        second_flag = 1;             // 秒标志置位
    }
}
```

主函数 main 中首先对定时器 0 工作模式进行配置，定时器每隔 5ms 产生中断，在定时器 0 中断服务函数 isr_timer_0 中进行计时。主函数主循环体中为 LED 指示灯流转控制，每当秒标志位 second_flag 置 1 时，切换一次 P1 口输出状态，控制 LED 指示灯流转。

5.4　数码管显示实验

5.4.1　实验要求

使数码管显示 01234567。

5.4.2　实验原理

CT107D 单片机综合训练平台的数码管硬件电路如图 5.6 所示。

数码管动态显示接口是单片机中应用最为广泛的显示方式之一，动态驱动是将所有数码管的 a、b、c、d、e、f、g、dp 八个段的同名端连在一起，每个数码管的公共端 COM（位选信号）由各自独立的 I/O 线控制。

当单片机输出字形码时，所有数码管都接收到相同的字形码，通过位选通信号选择数码管来接收字形码，从而在该位上显示，而没有选通的数码管就不会亮。通过分时轮流控制各个数码管的 COM 端，各个数码管轮流受控显示。

在轮流显示过程中，每位数码管的点亮时间为 1～2ms。

8 个数码管采用 2 个 M74HC573M1R 锁存器对单片机 P0 口的输出信号进行锁存，并增强信号驱动能力，进而驱动 8 个数码管。其中 U7 的锁存输入是段选，U8 的锁存输入是位选。

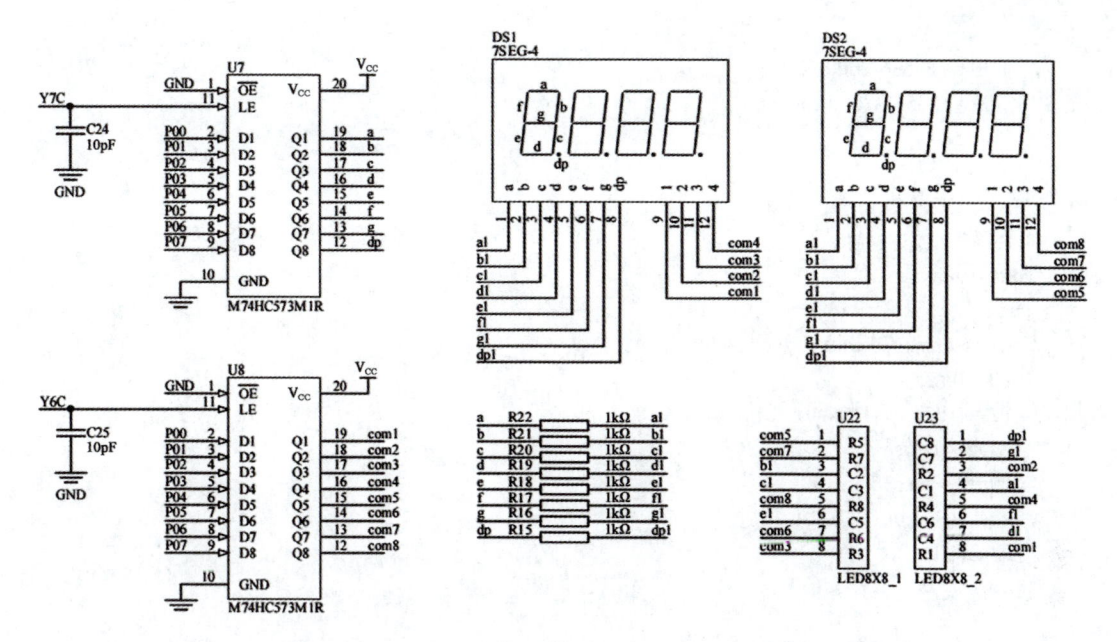

图 5.6　CT107D 单片机综合训练平台的数码管硬件电路

5.4.3　实验程序

```
#include "reg52.h"
#include "absacc.h"
unsigned char dspbuff[8] = {0,1,2,3,4,5,6,7};
    codeunsigned char seg7[]={ 0xc0,0xf9,0xa4,0xb0,0x99,0x92,0 x82,0xf8,0x80,0x90};
// 函数声明
void display(void);

// 主函数
void main(void)
{
   TMOD |= 0x01;
   TH0 = (65536-2000)/256;
   TL0 = (65536-2000)%256;
   ET0 = 1;
   EA = 1;
   TR0 = 1;
   P2 = ((P2& 0X1f)|0x80);
   P0 = 0xff;
   P2 &= 0x1f;
   while(1);
}

// 定时器中断服务函数
void isr_timer_0(void) interrupt1
```

```
    {
        TH0 = (65536-2000)/256;
        TL0 = (65536-2000)%256;
        display();
    }

// 数码管动态扫描函数
void display()
{
    static unsigned char dspcom = 0; 58.
    P0 = 0xff;
    P2 = ((P2&0x1f)|0xe0);
    P2 &= 0x1f;
    P0 = 1<<dspcom;
    P2 = ((P2&0x1f)|0xd0);
    P2 &= 0x1f;
}
```

5.5 独立按键实验

5.5.1 实验要求

通过按键加、减数码管上显示的数值。

5.5.2 实验原理

CT107D 单片机综合训练平台的独立按键硬件电路如图 5.7 所示。

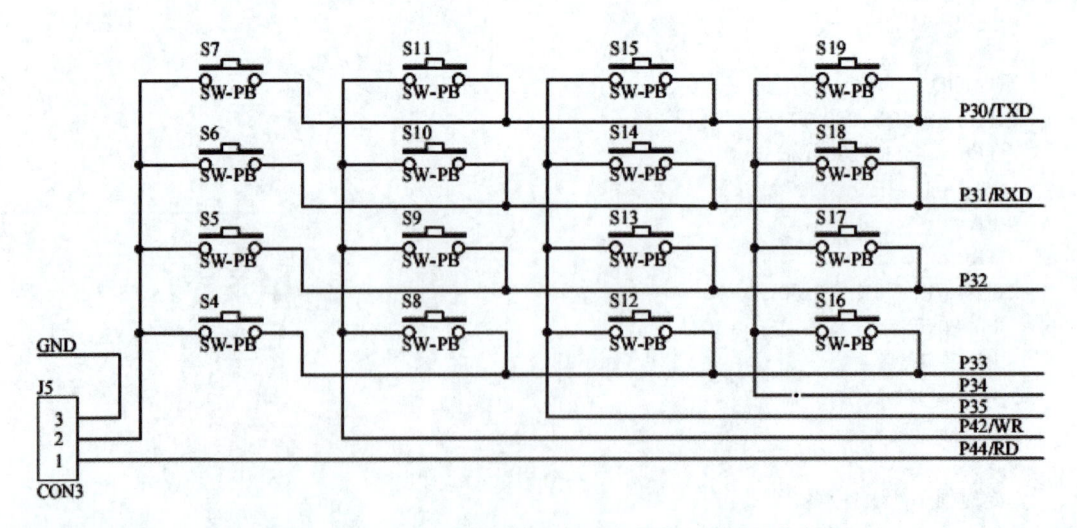

图 5.7　CT107D 单片机综合训练平台的独立按键硬件电路

图中 J5 用于键盘选择，1、2 引脚连接时为矩阵按键，2、3 引脚连接时 S4～S7 为独立按键。本实验为独立按键实验，因此需要将 J5 中的 2、3 引脚连接，此时独立按键为 S7、S6、S5 和 S4，所连接的引脚为 P30、P31、P32 和 P33。

独立按键识别的原理：当检测到按键所连引脚状态为 0 时，说明该按键闭合，为了避免产生"一次闭合、多次识别"的问题，需要进行延时消抖处理。消抖处理后如果该按键仍然处于闭合状态，则执行闭合按键功能。

5.5.3 实验程序

```c
#include"reg52.h"
#include"absacc.h"
bit key_re;
unsigned char key_press;
unsigned char key_value;
bit key_flag;
unsigned char intr;
// 共阳数码管断码表
    code unsigned char tab[]={0xc0,0xf9,0xa4,0xb0,0x99,0x92,0x82,0xf8,0x80,0x90,0xff};
    unsigned char dspbuf[8]={10,10,10,10,10,10,10,10};    // 显示缓冲区
    unsigned char dspcom= 0;
unsigned char read_key(void);
void display(void);

// 主函数
void main(void)
{
    unsigned char key_temp;
    unsigned char num,num1;
    P3 = 0xff;                          // 按键接口初始化
    TMOD |= 0x01;                       // 配置定时器工作模式
    TH0 = (65536-2000)/256;
    TL0 = (65536-2000)%256;
    EA = 1;
    ET0 = 1;                            // 打开定时器中断
    TR0 = 1;                            // 启动定时器 57.
    while(1)
    {
        if(key_flag)
        {
            key_flag = 0;
            key_temp = read_key();
        }
        // 进入按键处理程序部分
        switch(key_temp)
        {
```

```
        case1:
            num++;
            break;
        case2:
            num--;
            break;
        case3:
            num1++;
            break;
        case4:
            num1--;
            break;
        }
        key_temp = 0;                              // 完成按键处理程序后,清除键值
        dspbuf[0] = 10;
        dspbuf[1] = num/100;
        dspbuf[2] = num%100/10;
        dspbuf[3] = num%10;
        dspbuf[4] = 10;
        dspbuf[5] = num1/100;
        dspbuf[6] = num1%100/10;
        dspbuf[7] = num1%10;
    }
}

// 定时器中断服务函数
void isr_timer_0(void) interrupt1                  // 默认中断优先级为 1
{
    TH0 = (65536-2000)/256;
    TL0 = (65536-2000)%256;                        // 定时器重载
    display();
    if(++intr == 10)                               //2ms 执行一次
    {
        intr = 0;
        key_flag = 1;                              //20ms 按键扫描标志位置 1
    }
}

// 读取键值
unsigned char read_key(void)
{
    unsigned char key_temp;
    key_temp = (P3&0x0f);
    if(key_temp != 0x0f)                           // 有按键被按下
        key_press++;
    else
```

```c
      key_press = 0;                                    // 抖动
    if(key_press == 5)
    {
      key_press = 0;
      key_re = 1;
      switch(key_temp)
      {
        case 0x0e:
          key_value = 1;
          break;
        case 0x0d:
          key_value = 2;
          break;
        case 0x0b:
          key_value = 3;
          break;
        case 0x07:
          key_value = 4;
          break;
      }
    }
    // 连续 3 次检测到按键被按下，并且该按键已经被释放
    if((key_re == 1) & (key_temp == 0x0f))
    {
      key_re = 0;
      return key_value;
    }
    return 0xff;                                        // 无按键被按下或被按下的按键未被释放
}

// 数码管显示函数
void display()
{
  P2 = ((P2&0x1f)|0xe0);
  P0 = 0xff;
  P2 &= 0x1f;
  P2 = ((P2&0x1f)|0xd0);
  P0 = 1<<dspcom;
  P2 &= 0x1f;
  P2 = ((P2&0x1f)|0xe0);
  P0 = tab[dspbuf[dspcom]];
  P2 &= 0x1f;
  if(++dspcom == 8)
  {
    dspcom = 0;
  }
}
```

本实验综合了数码管显示和按键扫描部分程序，配置定时器 0 以 2ms 为间隔产生中断信号。read_key 为按键扫描函数，在主循环体中以 20ms 为间隔定时扫描，display 为显示函数，在定时器 0 中断服务程序 isr_timer_0 中以 2ms 为间隔刷新。主循环体循环检测按键值，执行各个按键对应的加、减功能，并对显示数据进行格式化处理。

5.6 矩阵按键实验

5.6.1 实验要求

通过数码管显示 4×4 矩阵键盘的 16 个键值。

5.6.2 实验原理

CT107D 单片机综合训练平台的独立按键硬件电路如图 5.8 所示。

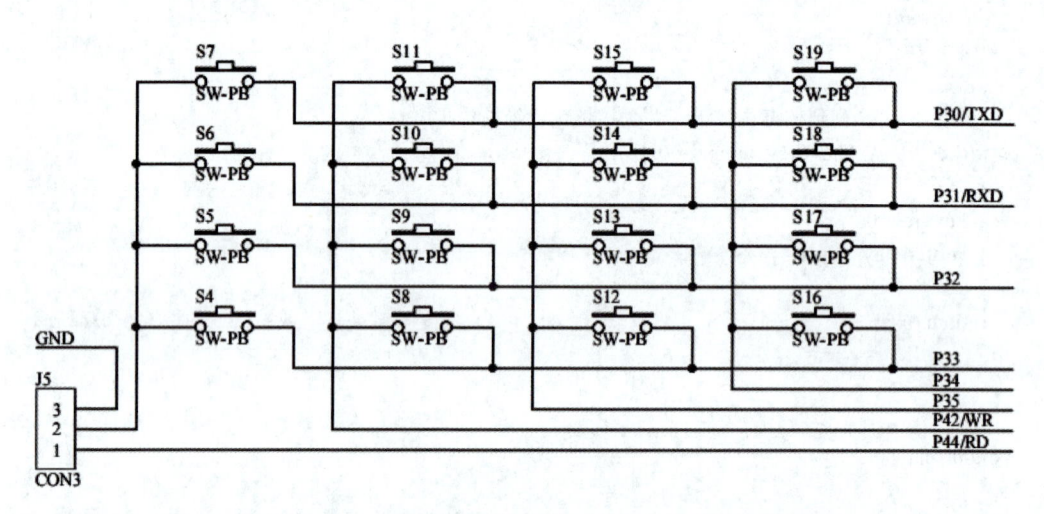

图 5.8 CT107D 单片机综合训练平台的独立按键硬件电路

图中 J5 用于键盘选择，1、2 引脚连接时为矩阵按键，2、3 引脚连接时 S4～S7 为独立按键。本实验为独立按键实验，因此需要将 J5 中的 2、3 引脚连接，此时独立按键为 S7、S6、S5 和 S4，所连接的引脚为 P30、P31、P32 和 P33。

独立按键识别的原理：当检测到按键所连引脚状态为 0 时，说明该按键闭合，为了避免出现"一次闭合、多次识别"的问题，需要进行延时消抖处理。消抖处理后如果该按键仍然处于闭合状态，则执行闭合按键功能。

5.6.3 实验程序

```
#include"stc15f2k60s2.h"
bitkey_flag = 0;
```

```c
unsigned char key_value=0xFF;
unsigned char dspbuf[8] = {10,10,10,10,10,10,10,10};
// 函数声明
void read_keyboard(void);
void display(void);
   codeunsigned char tab[] = { 0xc0,0xf9,0xa4,0xb0,0x99,0x92, 0x82,0xf8,0x80,0x90,0xFF};
// 主函数
void main(void)
{
   AUXR |= 0x80;                        //1T 模式，IAP15F2K61S2 单片机特殊功能寄存器
   TMOD &= 0xF0;
   TL0 = 0xCD;
   TH0 = 0xD4;
   TF0 = 0;
   TR0 = 1;
   ET0 = 1;
   EA = 1;
   while(1)
   {
     if(key_flag)
     {
       key_flag = 0;
       read_keyboard();
       if(key_value != 0xFF)
       {
          dspbuf[7] = key_value%10;
          dspbuf[6] = key_value/10;
       }
     }
   }
}

// 定时器中断服务函数
void isr_timer_0(void)interrupt 1      // 默认中断优先级为 1
{
   stati cunsigned char intr = 0;
   display();                           //1ms 执行一次
   if(++intr== 10)
   {
      intr = 0;
      key_flag = 1;                     //10ms 按键扫描标志位置 1
   }
}

// 矩阵键盘扫描实验
 void read_keyboard(void)
```

```c
{
    static unsigned char hang;
    static unsigned char key_state=0;
    switch(key_state)
    {
        case 0:
        {
            P3 = 0x0f; P42 = 0; P44 = 0;
            if(P3 != 0x0f)                      // 有按键被按下
                key_state=1;
        }break;
        case 1:
        {
            P3 = 0x0f; P42 = 0; P44 = 0;
            if(P3 != 0x0f)                      // 有按键被按下
            {
                if(P30 == 0)hang = 1;
                if(P31 == 0)hang = 2;
                if(P32 == 0)hang = 3;
                if(P33 == 0)hang = 4;    // 确定行
                switch(hang)
                {
                    case 1:{P3 =0xf0; P42 = 1; P44 = 1;if(P44 == 0)
                        {key_value=0;key_state=2;}else if(P42 == 0)
                        {key_value=1;key_state=2;} else if(P35 == 0)
                        {key_value=2;key_state=2;} else if(P34 == 0)
                        {key_value=3;key_state=2;} }break;
                    case 2:{P3 = 0xf0; P42 = 1; P44 = 1; if(P44 == 0)
                        {key_value=4;key_state=2;}else if(P42 == 0)
                        {key_value=5;key_state=2;} else if(P35 == 0)
                        {key_value=6;key_state=2;} else if(P34 == 0)
                        {key_value=7;key_state=2;} }break;
                    case 3:{P3 = 0xf0; P42 = 1; P44 = 1; if(P44 == 0)
                        {key_value=8;key_state=2;} else if(P42 == 0)
                        {key_value=9;key_state=2;} else if(P35 == 0)
                        {key_value=10;key_state=2;} else if(P34 == 0)
                        {key_value=11;key_state=2;} }break;
                    case 4:{P3 = 0xf0; P42 = 1; P44 = 1; if(P44 == 0)
                        {key_value=12;key_state=2;}else if(P42 == 0)
                        {key_value=13;key_state=2;} else if(P35 == 0)
                        {key_value=14;key_state=2;} else if(P34 == 0)
                        {key_value=15;key_state=2;} }break;
                }
            }
            else
            {
```

```c
      key_state=0;
    }
   }break;
   case2:
   {
     P3 = 0x0f; P42 = 0; P44 = 0;
     if(P3 == 0x0f)                    // 按键被释放
     key_state=0;
     }break;
   }
}

// 显示函数
void display(void)
{
   static unsigned char dspcom = 0;
   P0 = 0xff;
   P2 = ((P2&0x1f)|0xE0);
   P2 &= 0x1f;
   P0 = 1<<dspcom;
   P2 = ((P2&0x1f)|0xC0);
   P2 &= 0x1f;
   P0 = tab[dspbuf[dspcom]];
   P2 = ((P2&0x1f)|0xE0);
   P2 &= 0x1f;
   if(++dspcom == 8){
   dspcom = 0;
}
```

5.7 串口发送和接收实验

5.7.1 实验要求

通过串口调试工具向 IAP15 核心板发送任意字符 x，核心板返回 >>x。

5.7.2 实验原理

MCS51 单片机串口是一个可编程的全双工串行通信接口，通过引脚 RxD(P3.0) 和引脚 TxD(P3.1) 与外界通信。

串口发送数据的工作过程：首先 CPU 通过内部总线将并行数据写入发送 SBUF，在发送控制电路的控制下，按设定好的波特率，每来一次移位脉冲，通过引脚 TxD 向外输出一位，一帧数据发送结束后，向 CPU 发出中断请求，TI 位置 1，CPU 响应中断后，开始准备发送下一帧数据。

串口接收数据的工作过程：CPU 不停检测引脚 RxD 上的信号，当信号中出现低电平时，在接收控制电路的控制下，按设定好的波特率，每来一次移位脉冲，读取外部设备发送的一位数据到移位寄存器，一帧数据传输结束后，数据被存入接收 SBUF，同时向 CPU 发出中断请求，RI 位置 1，CPU 响应中断后，开始接收下一帧数据。

51 单片机串口有 4 种工作方式，由 SCON 寄存器中的 SM0 和 SM1 设定，如表 5.2 所示。

表 5.2　51 单片机串口工作方式设置

SM0	SM1	工作方式
0	0	工作方式 0
0	1	工作方式 1
1	0	工作方式 2
1	1	工作方式 3

5.7.3　实验程序

```c
#include "reg52.h"              // 定义 51 单片机特殊功能寄存器
unsigned char rx_byte;
bit rx_ob = 0;
//IAP15 扩展特殊功能寄存器
sfr AUXR=0X8E;
// 串口初始化函数
void UartInit(void)
{
    AUXR |= 0x40;              // 定时器 1 时钟为 Fosc，即 1T
    AUXR &= 0xFE;              // 串口 1 选择定时器 1 为波特率发生器
    TMOD &= 0x0F;              // 设定定时器 1 为 16 位自动重装方式
    TL1 = 0xE0;                // 设定定时初值
    TH1 = 0xFE;                // 设定定时初值
    ET1 = 0;                   // 禁止定时器 1 中断
    EA = 1;
    TR1 = 1;                   // 启动定时器 1
    ES = 1;
    SCON = 0x50;               //8 位数据，可变波特率
}
void uart_sendstring(unsigned char *str);
// 主函数
void main(void)
{
    unsigned char rx_table[] = {">>X\r\n"};
    UartInit();
    uart_sendstring("********************\r\n");
    uart_sendstring("********************\r\n");
    uart_sendstring("**            **\r\n");
```

```
    uart_sendstring("** WelcometoGXCT **\r\n");
    uart_sendstring("**              **\r\n");
    uart_sendstring("********************\r\n");
    uart_sendstring("********************\r\n");
    while(1)
    {
       if(rx_ob == 1)
       {
          rx_table[2] = rx_byte;
          uart_sendstring(rx_table);
          rx_ob = 0;                    // 清除标志位
       }
    }
}
// 串口中断服务函数
void isr_uart(void) interrupt 4
{
    if(RI == 1)
    {
       RI = 0;
       rx_byte = SBUF;
       rx_ob = 1;
    }
}
// 通过串口发送字符串
void uart_sendstring(unsigned char *str)
{
    unsigned char*p;80.
    p = str;
    while(*p != '\0')
    {
       SBUF = *p;
       while(TI == 0);                  // 等待发送标志位置位
       TI = 0;
       p++;
    }
}
```

UartInit 为串口初始化函数，选择定时器 1 作为串口通信波特率发生器，同时对定时器 1 的工作寄存器进行配置，通过定时器 1 将通信波特率配置为 9600b/s。uart_sendstring 函数为字符串发送函数，通过字符串结束标志 '\0' 判断待发送的字符串是否结束。TI 为串口发送完成（单字节）标志，需手动清零。

isr_uart 为串口中断服务函数，默认中断优先级为 4，RI 为串口接收完成标志，每当 RI 为 1 时，读取串口数据缓冲区 SBUF 中的数据到变量 rx_byte 中，并将 rx_ob 置 1。在主函数的主循环体 while 中检测 rx_ob 是否为 1，并控制串口返回数据的发送。

5.8 PCF8591 ADC/DAC 实验

5.8.1 实验要求

数码管显示模数转换结果。

5.8.2 实验原理

PCF8591 是一种具有 I2C 总线接口的 8 位 A/D、D/A 转换芯片，具有 4 路 A/D 转换输入，1 路 D/A 模拟输出。

PCF8591 采用典型的 I2C 总线接口器件寻址方法，即总线地址由器件地址、引脚地址和方向位组成。A/D 器件地址为 1001，引脚地址为 A2、A1、A0，其值由用户设定。地址的最后一位为方向位 R/W，当主控器对 A/D 器件进行读操作时为 1，进行写操作时为 0。CT107D 单片机综合训练平台的 PCF8591 的 A2、A1、A0 均接地，所以写 PCF8591 的地址码是 0x90，读 PCF8591 的地址码是 0x91。

PCF8591 控制字可以设置功能选择和输入通道选择。其格式如图 5.9 所示。

D1 和 D0 是 A/D 通道编号：00——通道 0，01——通道 1，10——通道 2，11——通道 3。

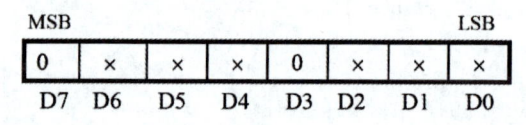

图 5.9 控制字格式

D2 是自动增益选择（1 有效）。

D5 和 D4 是模拟量输入选择：00——四路单端输入，01——三路差分输入，10——两单端与一路差分，11——两路差分。

D6 是模拟输出允许（1 有效）。

CT107D 单片机综合训练平台的 PCF8591 硬件电路如图 5.10 所示。将器件地址输入端 A0～A2 接地；I2C 总线的数据线 SCL 和时钟线 SDA 分别和单片机引脚 P20 和 P21 相连；内部时钟 EXT 接地。

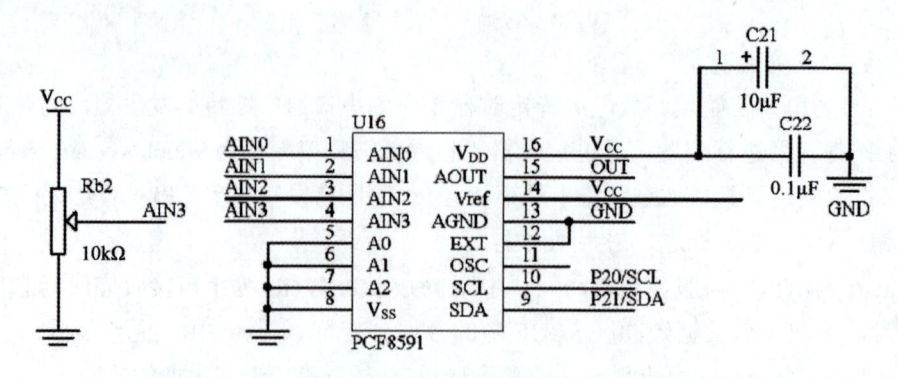

图 5.10 CT107D 单片机综合训练平台的 PCF8591 硬件电路

5.8.3 实验程序

PCF8591 的读写程序也在 iic.c 文件函数的基础上进行编写。

在 iic.h 文件中添加下列声明：

```
void init_pcf8591(void);
unsigned char adc_pcf8591(void);
void dac_pcf8591(unsigned char dat);
```

在 iic.c 文件中添加下列源代码：

```
#if def ADC_PCF8591
void init_pcf8591(void)
{
    IIC_Start();
    IIC_SendByte(0x90);
    IIC_WaitAck();

    IIC_SendByte(0x03);                    //ADC 通道 3
    IIC_WaitAck();
    IIC_Stop();
    operate_delay(10);
}
// 通过 I2C 总线读取 ADC 结果
unsigned char adc_pcf8591(void)
{
    unsigned int temp;

    IIC_Start();
    IIC_SendByte(0x91);
    IIC_WaitAck();

    temp = IIC_RecByte();
    IIC_SendAck(1);
    IIC_Stop();
    return temp;
}
#endif
#if def DAC_PCF8591
//DAC 输出
void dac_pcf8591(unsigned char dat)
{
    IIC_Start();
    IIC_SendByte(0x90);
    IIC_WaitAck();

    IIC_SendByte(0x40);                    // DAC 输出模式
    IIC_WaitAck();
```

```
    IIC_SendByte(dat);              // dat——输出数模转换的数据
    IIC_WaitAck();
    IIC_Stop();
}
#endif
```

5.9　DS18B20 温度传感器实验

5.9.1　实验要求

数码管显示温度值。

5.9.2　实验原理

DS18B20 是单线接口数字温度传感器，测量范围是 -55℃～+125℃，-10℃～+85℃范围内的精度是 ±0.5℃，测量分辨率为 9～12 位，可以实现多点测温。

DS18B20 的暂存器如表 5.3 所示。

表 5.3　DS18B20 的暂存器

地址	名称	类型	复位值	说明
0	温度值低 8 位	只读	0x0550 (85℃)	b15～b11：符号位；b10～b4：7 位整数；b3～b0：4 位小数（补码）
1	温度值高 8 位	只读		
2	TH 或用户字节 1	读写	EEPROM	b7：符号位；b6～b0：7 位温度报警高值（补码）
3	TL 或用户字节 2	读写	EEPROM	b7：符号位；b6～b0：7 位温度报警低值（补码）
4	配置寄存器 CR	读写	EEPROM	b6～b5：分辨率；00～11：9～12 位
5:7	保留	只读	0x100CFF	
8	CRC	只读	EEPROM	暂存器 0～7 数据 CRC 校验码

DS18B20 ROM 命令和功能命令分别如表 5.4 和表 5.5 所示。

表 5.4　DS18B20 ROM 命令

命令	代码	参数或返回值	说明
搜索 ROM	0xF0	—	搜索单线上连接的多个 DS18B20，搜索后重新初始化
读取 ROM	0x33	ROM 代码	读取单个 DS18B20 的 64 位 ROM 代码
匹配 ROM	0x55	ROM 代码	寻址指定 ROM 代码的 DS18B20
跳过 ROM	0xCC	—	寻址所有单线上连接的多个 DS18B20
搜索报警	0xEC		搜索单线上连接的有报警标志的 DS18B20

表 5.5　DS18B20 功能命令

命令	代码	参数或返回值	说明
转换温度	0x44	0——转换；1——完成	启动温度转换，转换结果存放在暂存器的 0～1 字节
读暂存器	0xBE	9 字节数据	读取暂存器的 0～8 字节
写暂存器	0x4E	TH TL CR	将 TH、TL 和 CR 值写入暂存器的 2～4 字节
复制暂存器	0x48	—	将暂存器的 2～4 字节复制到 EEPROM
调回 EPROM	0xB8	0——调回；1——完成	将 EEPROM 的值调回到暂存器的 2～4 字节
读电源模式	0xB4	—	确定 DS18B20 是否使用寄生供电模式

DS18B20 的操作包括以下 3 步：

（1）复位。

（2）ROM 命令。

（3）功能命令。

DS18B20 复位时序如图 5.11 所示。

图 5.11　DS18B20 复位时序

由图 5.11 可知，单线空闲时为高电平，复位时 MCU 发送复位信号（低电平，持续时间为 480～960μs），然后切换到输入模式（单线由上拉电阻拉为高电平）等待 DS18B20 响应。DS18B20 检测到单线上升沿 15～60μs 后发出存在信号（低电平，持续时间为 60～240μs），然后释放单线（单线由上拉电阻拉为高电平）。

DS18B20 写时序如图 5.12 所示。

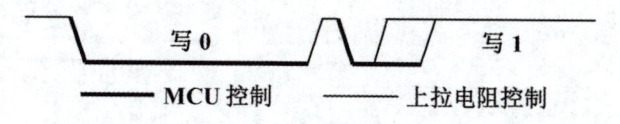

图 5.12　DS18B20 写时序

DS18B20 写时序以 MCU 输出低电平开始，写 0 时低电平持续时间为 60～120μs，写 1 时低电平持续时间为 1～15μs，然后切换到输入模式（单线由上拉电阻拉为高电平）。DS18B20 检测到单线下降沿 15～60μs 内采样单线读取数据。写 1 位数据的持续时间必须大于 60μs，两位数据的间隔必须大于 1μs。

DS18B20 读时序如图 5.13 所示。

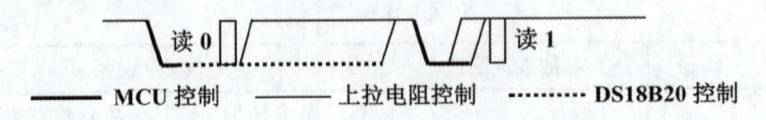

图 5.13 DS18B20 读时序

DS18B20 读时序以 MCU 发送读命令后输出低电平开始（低电平的持续时间必须大于 1μs），然后切换到输入模式。DS18B20 检测到单线下降沿后发送数据：发 0 时输出低电平；发 1 时保持高电平，发送数据在下降沿后 15μs 内有效。因此，MCU 必须在下降沿后 15μs 内采样单线读取数据。读 1 位数据的持续时间必须大于 60μs，两位数据的间隔必须大于 1μs。

CT107D 单片机综合训练平台的 DS18B20 硬件电路如图 5.14 所示。

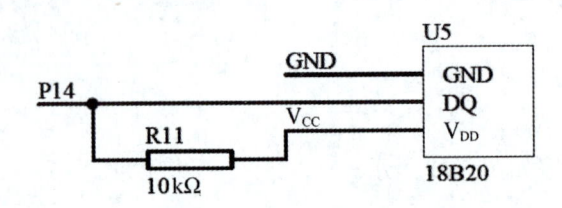

图 5.14 CT107D 单片机综合训练平台的 DS18B20 硬件电路

5.9.3 实验程序

```c
#include "reg52.h"              // 定义 51 单片机特殊功能寄存器
#include "onewire.h"             // 单总线函数库
#include "absacc.h"
sfrAUXR = 0x8E;
codeunsigned char tab[] = {0xc0,0xf9,0xa4,0xb0,0x99,0x92,0 x82,0xf8,0x80,0x90,0xff};
    unsigned char dspbuf[8] = {10,10,10,10,10,10,10,10};   // 显示缓冲区
bittemper_flag = 0;              // 温度读取标志位
// 函数声明
/*******************************/
void display(void);
void cls_buzz();
void cls_led();
/*******************************/ 34.
// 主函数
void main(void)
{
    unsigned char temperature; 39.
    AUXR |= 0x80;
    TMOD&= 0xF0;
    TL0 = 0xCD;    //1ms, 1 模式
    TH0 = 0xD4;
    TF0 = 0;
```

```c
    TR0 = 1;
    ET0 = 1;
    EA = 1;
    while(1)
    {
      if(temper_flag)
      {
        temper_flag = 0;
        temperature = rd_temperature();           // 读温度
      }
    // 显示数据更新
     (temperature>=10)?(dspbuf[6] = temperature/10):(dsp buf[6]=10);
     dspbuf[7] = temperature%10;
    }
}
// 定时器中断服务函数
void isr_timer_0(void)interrupt 1                 // 默认中断优先级为 1
{
    static unsigned char intr;
    if(++intr == 50)                              //1ms 执行一次
    {
      intr = 0;
      temper_flag = 1;                            //50ms 温度读取标志位置 1
    }
    display();
}
// 显示函数
void display(void)
{
    static unsigned char dspcom= 0; 79.
    P2 = ((P2&0x1f)|0xE0);
    P0 = 0xff;
    P2 &= 0x1f;
    P0 = 1<<dspcom;
    P2 = ((P2&0x1f)|0xC0);
    P2 &= 0x1f;
    P0 = tab[dspbuf[dspcom]];
    P2 = ((P2&0x1f)|0xE0);
    P2 &= 0x1f;
    if(++dspcom == 8)
    {
      dspcom = 0;
    }
}
```

主程序中首先对定时器做了初始化配置，主函数中循环判断温度读取标志位，满足条件时读取 DS18B20 温度值。中断函数中对温度读取的时间间隔限定为 50ms，显示时间间隔为 1ms。

5.10 DS1302 实时时钟实验

5.10.1 实验要求

通过数码管显示时分秒，显示格式为 HH-MM-SS，初始时间为 23:59:55。

5.10.2 实验原理

时钟芯片 DS1302 是 Dallas 公司推出的一款涓流充电时钟芯片，实时时钟/日历电路提供秒、分、时、日、周、月、年的信息，每月的天数和闰年的天数可自动调整。时钟操作可通过 AM/PM 指示设置采用 24 或 12 小时格式。

DS1302 有 12 个寄存器，和日历、时钟相关的寄存器存放的数据位为 BCD 码形式。时钟突发寄存器可一次性顺序读写除充电寄存器外的所有寄存器内容。

DS1302 的工作过程：设置当前时间格式，DS1302 开始运行，在需要时读取寄存器内的数据。

DS1302 的控制字节如图 5.15 所示。

| 1 | RAM/时钟 | A4 | A3 | A2 | A1 | A0 | 读/写 |

图 5.15 DS1302 的控制字节

DS1302 的时钟寄存器如表 5.6 所示。

表 5.6 DS1302 的时钟寄存器

地址	数据				初始值	说明
0	CH	秒十位		秒个位	0x80	秒：00-59；CH=1：时钟暂停
1	0	分十位		分个位	0	分：00-59
2	24/12	0	时 A/P	时	时个位	0	时：00-23/01-12
3	0	0	日十位		日个位	1	日：01-28/29/30/31
4	0	0	0	月	月个位	1	月：01-12
5	0	0	0	0	星期	1	星期：1-7
6	年十位			年个位		0	年：00-99
7	WP	0	0	0	0	0	0	0	0	控制；WP=1：写保护
8	TCS			DS	RS	0x5c	涓流充电选择
31						—	时钟突发

CT107D 单片机综合训练平台的 DS1302 硬件电路如图 5.16 所示。

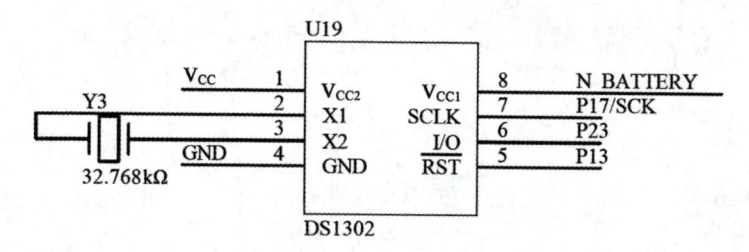

图 5.16　CT107D 单片机综合训练平台的 DS1302 硬件电路

5.10.3　实验程序

```
#include<reg52.h>
#include<intrins.h>
#include"ds1302.h"
#include"display.h"
// 特殊功能寄存器的定义
sfrAUXR=0x8E;
bitrtc = 0;
// 定时器初始化函数
void Timer0Init(void)
{
    AUXR |= 0x80;           // 定时器时钟 1T 模式
    TMOD &= 0xF0;           // 设置定时器模式
    TL0 = 0x9A;             // 设置定时初值
    TH0 = 0xA9;             // 设置定时初值
    ET0 = 1;                // 清除 TF0 标志
    TR0 = 1;                // 定时器 0 开始计时
    EA=1;
}

// 主函数入口
void main(void)
{
    Timer0Init();
    setRTC();
    while(1)
    {
        if(rtc == 1){
            readRTC();
            rtc = 0;
        }
    }
}
// 定时中断服务函数
```

```c
unsigned char ms = 0;
void timer0() interrupt 1
{
   if(++ms == 100){
   ms = 0;
   rtc = 1;
   }
   TL0 = 0x9A;                    // 设置定时初值
   TH0 = 0xA9;                    // 设置定时初值
   display();
}
```

DS1302.c
```c
#include<stc15f2k60s2.h>
#include<intrins.h>
sbit SCK = P1^0;
sbit SDA = P1^1;
sbitRST = P1^2;                   //DS1302 复位
code unsigned char w_rtc_address[7]={0x80,0x82,0x84,0x86,0x88,0x8a,0x8c};   // 秒、分、时、日、
                                                                            // 月、星期、年
codeunsigned char r_rtc_address[7]={0x81,0x83,0x85,0x87,0x89,0x8b,0x8d};
unsigned char alm_buff[6] = {0,0,0,0,0,0};
unsigned char rtc_buff[8];
static unsigned char set_buff[6] = {2,3,5,9,5,0};
#definenops() {_nop_();_nop_();_nop_();_nop_();_nop_();_no p_();_nop_();_nop_();_nop_();_nop_();\
    _nop_();_nop_();\_nop_();_nop_();_nop_();_nop_();_nop_();_nop_();_nop_();_nop_();_nop_();\
    _nop_();_nop_();_nop_();}
void Write_Ds1302_Byte(unsigned char temp)
{
   unsigned char i;
   for(i=0;i<8;i++)
   {
      SCK=0;
      nops();
      SDA=temp&0x01;
      temp>>=1;
      nops();
      SCK=1;
   }
}
void Write_Ds1302( unsigned char address,unsigned char dat )
{
   RST=0;
   nops();
   SCK=0;
   nops();
   RST=1;
```

```c
        nops();
        Write_Ds1302_Byte(address);
        Write_Ds1302_Byte(dat);
        RST=0;
}
unsigned char Read_Ds1302 ( unsigned char address )
{
    unsigned char i,temp=0x00;
    RST=0;
    nops();
    SCK=0;
    nops();
    RST=1;
    nops();
    Write_Ds1302_Byte(address);
    for(i=0;i<8;i++)
    {
        SCK=0;
        nops();
        nops();
        nops();
        nops();
        temp>>=1;
        if(SDA)
        temp|=0x80;
        SCK=1;
        nops();
    }
    RST=0;
    nops();
    RST=0;
    SCK=0;
    nops();
    SCK=1;
    nops();
    SDA=0;
    nops();
    SDA=1;
    nops();
    return(temp);
}
void readRTC(void)
{
    unsigned char i, *p;
    unsigned char tmp[3];
    p = (unsigned char*)r_rtc_address;     // 地址传递
```

```c
    for(i=0;i<3;i++){
    tmp[i]=Read_Ds1302(*p);
    p++;
}
rtc_buff[0] = (tmp[2] >> 4);
rtc_buff[1] = (tmp[2] & 0x0F);
rtc_buff[2] = 11;
rtc_buff[3] = (tmp[1] >> 4);
rtc_buff[4] = (tmp[1] & 0x0F);
rtc_buff[5] = 11;
rtc_buff[6] = (tmp[0] >> 4);
rtc_buff[7] = (tmp[0] & 0x0F); }
void setRTC(void)
{
    Write_Ds1302(0x8E,0x00);
    Write_Ds1302(w_rtc_address[0], (set_buff[4]<<4) | (set_ buff[5]));
    Write_Ds1302(w_rtc_address[1], (set_buff[2]<<4) | (set_ buff[3]));
    Write_Ds1302(w_rtc_address[2], (set_buff[0]<<4) | (set_ buff[1]));
    Write_Ds1302(0x8E,0x80);
}
display.c
#include"reg52.h"
#include "absacc.h"
extern unsigned char rtc_buff[8];
unsigned char dspbuff[8] = {10,10,11,10,10,11,10,10};
unsigned char dspcom;
codeunsigned char seg7[]={0xc0,0xf9,0xa4,0xb0,0x99,0x92,0x 82,0xf8,0x80,0x90,0xff,0xbf};
// 数码管显示函数
void display()
{
    P2 = ((P2&0x1f)|0xe0);
    P0 = 0xff;
    P2 &= 0x1f;
    P2 = ((P2&0x1f)|0xd0);
    P0 = 1<<dspcom;
    P2 &= 0x1f;
    P2 = ((P2&0x1f)|0xe0);
    P0 = seg7[rtc_buff[dspcom]];
    P2&= 0x1f;
    if(++dspcom == 8)
    {
        dspcom= 0;
    }
}
```

  主程序中首先对定时器、DS1302 做了初始化配置；主函数中循环读取 RTC 芯片的值；中断函数中对读取 RTC 的时间间隔限定为 100ms，显示时间间隔为 1ms。DS1302.c 文件中定义了读写 DS1302 的函数，display.c 文件中定义了显示函数。

5.11 超声波测距实验

5.11.1 实验要求

数码管显示超声波测距的结果。

5.11.2 实验原理

(1) 基本原理。超声波发射模块向某一方向发射超声波,在发射时刻的同时开始计时,超声波在空气中传播,途中碰到障碍物就立即返回来,超声波接收器收到反射波就立即停止计时。

(2) 计算公式:

$$距离 = 声速 \times 发出超声波到接收返回的时间 / 2$$

(3) 实现步骤。

第一步:产生 8 个 40kHz 的超声波信号,通过 TX 引脚发射出去。

第二步:启动定时器,计算计数脉冲。

第三步:等待超声波信号返回,如果接收到反射回来的信号,则 RX 引脚变为低电平。

第四步:停止定时器,读取脉冲个数,即获得时间 T。

第五步:根据公式,$L = VT/2$,进行距离的计算。

在蓝桥杯单片机的竞赛综合平台 CT107D 中,超声波模块的 TX 引脚接到单片机的 P1.0 口,RX 引脚接到单片机的 P1.1 口,最大测量范围约 140cm。

CT107D 单片机综合训练平台的超声波硬件电路如图 5.17 至图 5.19 所示。

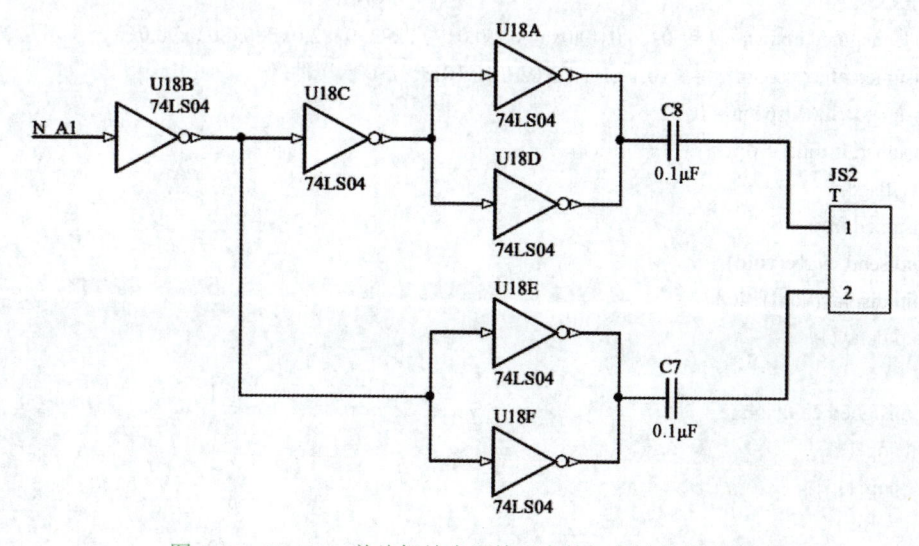

图 5.17 CT107D 单片机综合训练平台的超声波发射电路

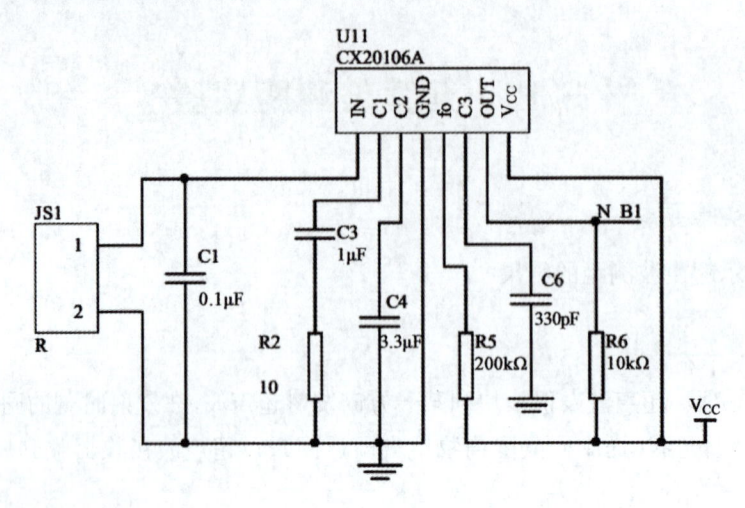

图 5.18 CT107D 单片机综合训练平台的超声波接收电路

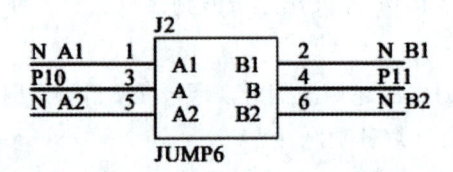

图 5.19 CT107D 单片机综合训练平台的红外线和超声波选择电路

5.11.3 实验程序

```c
#include"reg52.h"
#include"intrins.h"
sbit TX = P1^1;                    // 发射引脚
sbit RX = P1^0;                    // 接收引脚
code unsigned char tab[] ={ 0xc0,0xf9,0xa4,0xb0,0x99,0x92, 0x82,0xf8,0x80,0x90,0xff};
unsigned char dspbuf[8] = {10,10,10,10,10,10,10,10};   // 显示缓冲区
unsigned char dspcom= 0; 32.
unsigned int intr = 0;
bits_flag;
unsigned int t = 0;
void send_wave(void);
void display(void); 40.
void delay()
{
    unsigned char i;45.
    _nop_();
    _nop_();
    i = 36;
    while(--i);
```

```c
}
void main(void)
{
   unsigned int distance;
   TMOD |= 0x11;
   TH0 = (65536-2000)/256;
   TL0 = (65536-2000)%256;
   TH1 = 0;
   TL1 = 0;
   EA = 1;
   ET0 = 1;                                    // 打开定时器 0 中断
   TR0 = 1;                                    // 启动定时器
   while(1)
   {
      //200ms 更新一次数据
      if(s_flag)
      {
         s_flag = 0;
         // 关闭定时器 0 中断：计算超声波发送到返回的时间
         ET0 = 0;
         send_wave();                          // 发送方波信号
         TR1 = 1;                              // 启动计时
         while((RX == 1) && (TF1 == 0));       // 等待收到脉冲
         TR1 = 0;                              // 关闭计时
         if(TF1 == 1)
         {
            TF1 = 0;
            distance = 9999;                   // 无返回
         }
         else
         {
            // 计算时间
            t = TH1;
            t <<= 8;
            t |= TL1;
            distance = (unsigned int)(t*0.017); // 计算距离
         }
         TH1 = 0;
         TL1 = 0;
      }
      // 数据处理
      dspbuf[5] = distance/100;
      dspbuf[6] = distance%100/10;
```

```c
    dspbuf[7] = distance%10;
  }
}
// 定时器 0 中断服务函数
void isr_timer_0(void)  interrupt 1              // 默认中断优先级 1
{
  TH0 = (65536-2000)/256;
  TL0 = (65536-2000)%256;                        // 定时器重载
  display();                                     //2ms 执行一次
  if(++intr == 200)
  {
    s_flag = 1;
    intr = 0;
  }
}
// 显示函数
void display(void)
{
  P2 = ((P2&0x1f)|0xE0);
  P0 = 0xff;
  P2 &= 0x1f;
  P2 = ((P2&0x1f)|0xC0);
  P0 = 1<<dspcom;
  P2 &= 0x1f;
  P2 = ((P2&0x1f)|0xE0);
  P0 = tab[dspbuf[dspcom]];
  P2 &= 0x1f;
  if(++dspcom == 8){
  dspcom = 0;
  }
}
//TX 引脚发送 40kHz 方波信号驱动超声波发送探头
void send_wave(void)
{
  unsigned char i =8;                            // 发送 8 个脉冲
  do
  {
    EA = 0;
    TX = 1;
    delay();
    TX = 0;
    delay();
    EA= 1;
```

```
        }
    while(i--);
}
```

反相器 74LS04 和超声波换能器构成发射电路；CX20106A 是一款红外线检波接收的专用芯片，可以利用它作为超声波检波接收电路，当接收探头接收到超声波回波信号后，输出引脚输出低电平。

主程序中首先对定时器做了初始化配置，主函数中循环发送并对接收时间计时，未超时的计算距离，超时的显示距离为 9999。中断函数中对测距的时间间隔限定为 400ms，显示时间间隔为 2ms。定义了 40kHz 方波发生函数 send_wave 方便调用。

第 6 章 蓝桥杯单片机设计竞赛案例分析

6.1 单片机主程序结构设计

一般在单片机产品开发过程中通常不会使用操作系统,而是直接在裸机基础上进行应用开发,原因有两个:一是单片机尤其是 51 系列单片机的资源非常有限,操作系统会占用较多单片机资源;二是使用单片机开发的产品功能通常比较简单,一般不需要使用操作系统即可满足产品功能要求。当然,如果产品功能比较复杂、实时性要求比较严苛,那么就会使用操作系统进行开发。

我们在学习单片机裸机编程的过程中,所面对的设计要求千变万化,功能多种多样,只有掌握了一定的主程序编程架构,才能做到游刃有余、处变不惊。单片机主程序设计的结构一般可分为三种:顺序轮询结构、前后台结构、时间片轮询结构。

6.1.1 顺序轮询结构

顺序轮询结构的代码结构非常简单,一般用于没有外部事件需要处理的简单应用系统,或者用于对外部某些功能模块的测试。在顺序轮询结构下,系统功能被分为若干任务,依次循环执行。顺序轮询结构的代码结构如下:

```
int main(void)
{
  init_something();
  while(1)
  {
    do_something1();
    do_something2();
    do_something3();
    …
  }
}
```

在进入 main 函数之前,编译器会自动添加一些系统初始化代码,例如清除内部数据存储器，设置栈地址等。进入 main 函数之后，我们还需要根据系统功能添加一些自己的初始化代码，例如变量的初始化，定时器、串口或其他功能模块的初始化等。进入 while 循环后，按照顺序依次循环执行各功能代码。例如我们需要设计一个简易的数字钟系统，则可将系统功能划分为三个任务：一是通过实时时钟芯片获取时间；二是数码管动态显示；三是键盘扫描，用于校准时间。

6.1.2 前后台结构

前后台结构其实就是在上述顺序轮询结构的基础上加入中断，一般我们把中断称为前台，main 中的 while 主循环称为后台。相比于顺序轮询结构，这种方式增加了对外部事件的实时响应能力。这种方法比较简单实用，程序设计思路比较清晰，无须考虑程序架构问题，在系统功能较为简单的情况下是一种不错的方法。但是当系统功能比较复杂的时候，如果没有一张完整的流程图和相应的程序注释，恐怕别人很难看懂代码是如何运行的，而且随着系统功能的增加，编写应用程序的工程师的思路也开始混乱，既不利于升级维护，也不利于代码优化。前后台结构的代码结构如下：

```c
int flag1=0;
int flag2=0;
int main(void)
{
    // 硬件相关初始化
    init_something();
    // 无限循环
    for(;;){
        if(flag1){
            // 处理事情 1
            DoSomething1();
        }
        if(flag2){
            // 处理事情 2
            DoSomething2();
        }
    }
}

void ISR1(void)
{
    // 置位标志位
    flag1=1;
    DoSomething1();
}

void ISR2(void)
{
```

```
    // 置位标志位
    flag2=2;
    DoSomething2();
}
```

6.1.3 时间片轮询结构

时间片轮询结构就是通过软件定时器来做一个裸机框架。首先准备一个定时器，然后使用这个定时器拓展出多个软件定时器。例如我们系统中有三个任务：LED 翻转、温度采集、温度显示。此时我们可以使用一个硬件定时器拓展出三个软件定时器，定义如下宏定义：

```
#define MAX_TIMER 3                              // 最大定时器个数
volatile unsigned long g_Timer1[MAX_TIMER];
#define LedTimer g_Timer1[0]                     //LED 翻转定时器
#define GetTemperatureTimer g_Timer1[1]          // 温度采集定时器
#define SendToLcdTimer g_Timer1[2]               // 温度显示定时器
#define TIMER1_SEC (1)                           // 秒
#define TIMER1_MIN (TIMER1_SEC*60)               // 分
```

在定时器初始化程序中对这三个软件定时器进行初始化操作：

```
/*****************************************************************
** 函数：Timer1Init, 定时器 1 初始化
** 参数：无
** 说明：无
** 返回：void
*****************************************************************/
void Timer1Init(void)    //10ms @12.000MHz
{
    AUXR &= 0xBF;              // 定时器时钟 12T 模式
    TMOD &= 0x0F;              // 设置定时器模式
    TL1 = 0xF0;                // 设置定时初值
    TH1 = 0xD8;                // 设置定时初值
    TF1 = 0;                   // 清除 TF1 标志
    TR1 = 1;                   // 定时器 1 开始计时
    // 全局定时器初始化
    for(int i = 0; i < MAX_TIMER; i++)
    {
        g_Timer1[i] = 0;
    }
}
```

在定时器中断服务程序中对这些软件定时器的定时值做递减操作：

```
/*****************************************************************
** 函数：timer1_ISR, 定时器 1 中断服务程序
**-----------------------------------------------------------------
** 参数：无
```

```
** 返回：无
*****************************************************************/
void timer1_ISR (void) interrupt 3        // 定时器 1 中断
{
    u8 i;
    // 各种定时器计时
    for (i =0; i < MAX_TIMER; i++)        // 定时时间递减
    if( g_Timer1[i] ) g_Timer1[i]-- ;
    TF1=0;                                // 清除中断标志
}
```

我们在各个定时任务中给这些软件定时器赋予定时值，这些定时值递减到 0 则该任务会被触发执行，例如：

```
void Task_Led(void)
{
    // 如果时间不为 0，则说明任务执行时间未到，直接返回
    if(LedTimer)    return;
    // 如果时间为 0，则说明任务执行时间到，执行任务，且重新设置新的定时时间
    LedTimer =10* TIMER1_10mS;
    // LED 任务主体
    LedToggle();
}

void Task_GetTemperature(void)
{
    // 等待定时时间
    if(LedTimer)    return;
    LedTimer =100* TIMER1_10mS;
    // 温度采集任务主体
    GetTemperature();
}

void Task_SendToLcd(void)
{
    // 等待定时时间
    if(LedTimer)    return;
    LedTimer =200* TIMER1_10mS;
    // 温度显示任务主体
    LcdDisplay();
}
```

因此，上述代码所实现的功能就是每过 0.1s、1s、2s 分别触发 LED 翻转任务、温度采集任务、温度显示任务。这里配置的最小定时单位为 10ms，当然可以根据实际需要在系统初始化时对定时器进行相应的设置。需要注意的是，定时时间越短，中断次数就越频繁，效率会变低；反之，定时时间太长，系统实时性会变差。系统初始化函数如下：

```c
/*****************************************************************
** 函数：  SysInit, 系统上电初始化
**----------------------------------------------------------------
** 参数：
** 说明：
** 返回：
*****************************************************************/
void SysInit(void)
{
    Timer1Init();              // 串口初始化，定时时间为 10ms
    UsartInit(115200);         // 串口初始化函数，波特率为 115200
    LedInit();                 // LED 初始化
    TemperatureInit();         // 温度传感器初始化
    LcdInit();                 // LCD 初始化
}
```

此时，main 函数就可以设计为：

```c
int main(void)
{
    // 上电初始化函数
    SysInit();
    // 主程序
    while (1)
    {
        // 定时任务
        Task_Led();
        Task_GetTemperature();
        Task_SendToLcd();
    }
}
```

主函数首先进行的是系统上电的一些初始化操作，接着是调用各定时任务函数。需要思考及注意的问题是每个任务的定时时间设置多大合适？这只能根据具体任务的实际情况，在经验值基础上经过不断调试来确定。

6.2　第十二届省赛试题

6.2.1　基本要求

（1）使用大赛组委会提供的四梯/国信长天单片机竞赛实训平台，完成本试题的程序设计与调试。

（2）选手在程序设计与调试过程中，可参考大赛组委会提供的"资源数据包"。

（3）请注意：程序编写、调试完成后，选手应通过考试系统提交完整、可编译的 Keil 工程文件压缩包。选手提交的工程文件应是最终版本，工程文件夹内应包含以准考

证号命名的 HEX 文件，该 HEX 文件是成绩评审的依据。不符合以上文件提交要求和命名要求的作品将被评为零分或被酌情扣分。

举例说明：选手准考证号为 12345678，HEX 文件应命名为 12345678.hex。

（4）请勿上传与作品工程文件无关的其他文件。

6.2.2　竞赛板配置要求

（1）将 IAP15F2K61S2 单片机内部振荡器频率设定为 12MHz。

（2）键盘工作模式跳线 J5 配置为 KBD 键盘模式。

（3）扩展方式跳线 J13 配置为 I/O 模式。

（4）请注意：选手须严格按照以上要求配置竞赛板，编写和调试程序，不符合以上配置要求的作品将被评为零分或被酌情扣分。

系统硬件框图如图 6.1 所示。

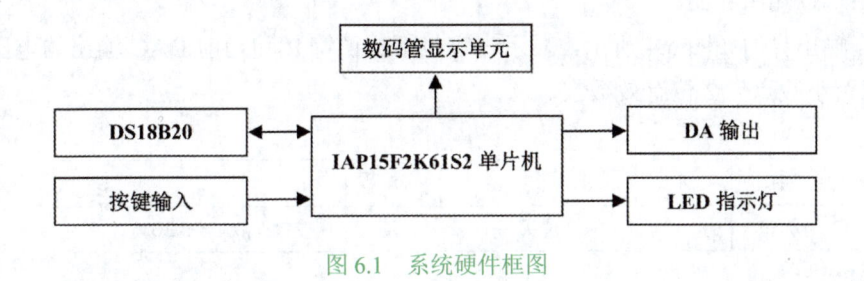

图 6.1　系统硬件框图

6.2.3　功能概述

（1）通过获取 DS18B20 温度传感器的温度数据，完成温度测量功能。

（2）通过 PCF8591 AD/DA 芯片完成 DAC 输出功能。

（3）通过数码管完成题目要求的数据显示功能。

（4）通过按键完成题目要求的显示界面切换和设置功能。

（5）通过 LED 指示灯完成题目要求的指示功能。

6.2.4　性能要求

（1）温度数据刷新时间间隔：≤ 1s。

（2）DAC 输出电压刷新时间：≤ 0.5s。

（3）按键动作响应时间：≤ 0.2s。

6.2.5　显示功能

（1）温度显示界面。

温度显示界面如图 6.2 所示，显示内容包括标识符 C 和温度数据，温度数据保留小数点后 2 位有效数字，单位为摄氏度。

C	8	8	8	2	4.	2	5
标识	熄灭			温度：24.25℃			

图 6.2 温度显示界面

（2）参数设置界面。

参数设置界面如图 6.3 所示，显示内容包括标识符 P 和温度参数，温度参数为整数，单位为摄氏度。

P	8	8	8	8	8	2	5
标识	熄灭						参数：25℃	

图 6.3 参数设置界面

（3）DAC 输出界面。

DAC 输出界面如图 6.4 所示，显示内容包括标识符 R 和当前 DAC 输出的电压值，电压数据保留小数点后 2 位有效数字。

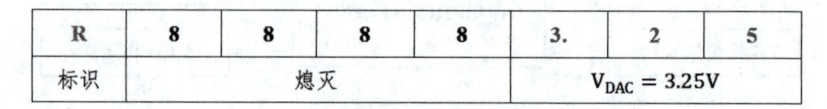

R	8	8	8	8	3.	2	5
标识	熄灭				V_{DAC} = 3.25V		

图 6.4 DAC 输出界面

6.2.6 按键功能

S4：定义为"界面"按键，按下 S4，切换温度显示界面、参数设置界面和 DAC 输出界面，按键 S4 的切换模式如图 6.5 所示。

图 6.5 按键 S4 的切换模式

S8：定义为"减"按键。在参数设置界面下按下 S8，温度参数减少 1℃。

S9：定义为"加"按键。在参数设置界面下按下 S9，温度参数增加 1℃。

S5：定义为"模式"切换按键，如图 6.6 所示。

模式 1：DAC 输出电压与温度相关。

当通过 DS18B20 采集到的实时温度小于温度参数时，DAC 输出 0V；否则，DAC 输出 5V。

模式 2：DAC 按照图 6.7 给出的关系输出电压。

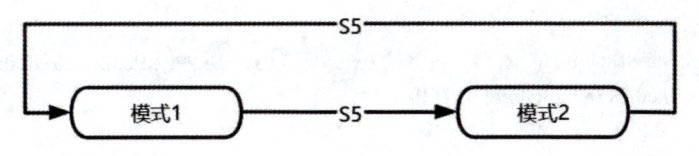

图 6.6　通过 S5 切换模式

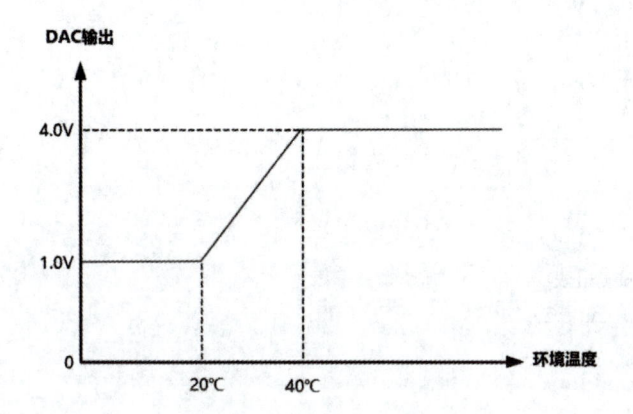

图 6.7　模式 2 下 DAC 的输出电压

其他要求：

（1）按键应做好消抖处理，避免出现一次按键动作导致功能多次触发等问题。
（2）按键动作不影响数码管显示和数据采集过程。
（3）S8、S9 按键仅在参数设置界面有效。
（4）设定的温度参数在退出参数设置界面时生效。

6.2.7　LED 指示灯功能

（1）当前处于模式 1 状态，指示灯 L1 点亮，否则熄灭。
（2）当前处于温度显示界面，指示灯 L2 点亮，否则熄灭。
（3）当前处于参数设置界面，指示灯 L3 点亮，否则熄灭。
（4）当前处于 DAC 输出界面，指示灯 L4 点亮，否则熄灭。

6.2.8　初始状态说明

（1）处于温度显示界面。
（2）处于模式 1。
（3）温度参数为 25℃。

6.2.9　系统设计与实现

（1）主函数。

```
#include <stc15.h>
#include "iic.h"
```

```c
#include "onewire.h"
unsigned char code SMG_duanma[19] = {0xc0,0xf9,0xa4,0xb0,0x99,0x92,0x82,0xf8,0x80,0x90, 0x88,
    0x80,0xc6, 0xc0,0x86,0x8e,0xbf,0x7f,0x8C };
sbit HC138_A = P2^5;
sbit HC138_B = P2^6;
sbit HC138_C = P2^7;
sbit LED1 = P0^0;
sbit LED2 = P0^1;
sbit LED3 = P0^2;
sbit LED4 = P0^3;
sbit C1 = P4^4;
sbit C2 = P4^2;
sbit C3 = P3^5;
sbit C4 = P3^4;
unsigned int temperature;
unsigned int temp_can = 25;
float dianya;
unsigned char display_flag;
unsigned char mode_flag;
unsigned char keyVal=0;
void Display();
void display_temp_can();
void HC138_Select(unsigned char i);
void display_temperature();
void Display_SEG_Bit(unsigned char pos,unsigned char value); void DelayK(unsigned char t);
void delay_seg(unsigned int times);
void display_dac();
void Key_Scan();
void Function_Key();
void Panduan_Mode();
void Pout_DAC(unsigned char temp);
void main()
{
    HC138_Select(4);
    P0=0X00;                         // 初始化程序——关蜂鸣器、关继电器
    HC138_Select(1);
    P0=0XFF;                         // 初始化程序——关灯
    while(1)
    {
        temperature = (unsigned int) (read_temperature()*100);   // 采集温度、并将其放大 100 倍
        Function_Key();              // 矩阵按键功能判断函数
        Display();                   // 界面显示函数
        Panduan_Mode();              // 根据不同的模式输出的电压不同
    }
}
```

（2）P0 通道选择函数。

```c
void HC138_Select(unsigned char i)
{
  switch(i)
  {
    case 1:
      HC138_A = 0;
      HC138_B = 0;
      HC138_C = 1;
      break;
    case 2:                          //SEG
      HC138_A = 1;
      HC138_B = 1;
      HC138_C = 1;
      break;
    case 3:                          //Bit
      HC138_A = 0;
      HC138_B = 1;
      HC138_C = 1;
      break;
    case 4:                          // 达林顿管阵列取反门
      HC138_A = 1;
      HC138_B = 0;
      HC138_C = 1;
      break;
    default:break;
  }
}
```

（3）切换显示界面函数。

```c
void Display()
{
  if(display_flag==0)              // 未按下 S4
  {
    display_temperature();
  }
  else if(display_flag==1)
  {
    display_temp_can();
  }
  else if(display_flag==2)
  {
    display_dac();
  }
}
```

```c
void Function_Key()
{
  Key_Scan();
  if(keyVal == 13)
  {
    keyVal = 0;
    display_flag++;
    if(display_flag==3)
    {
      display_flag = 0;
    }
  }
  if(keyVal == 9)                          // 切换模式 S5
  {
    keyVal = 0;
    mode_flag = !mode_flag;
  }
  if(display_flag==1)
  {
    if(keyVal == 10)
    {
      keyVal = 0;
      if(temp_can<=98)
      temp_can++;
    }
    if(keyVal == 14)
    {
      keyVal = 0;
      if(temp_can>=1)
      temp_can--;
    }
  }
}

void Panduan_Mode()
{
  if(mode_flag==0)
  {
    HC138_Select(1);
    LED1 = 0;
    if(temperature!=8500)           //DS18B20 刚转换时此值未转换成可能出现的值
    {
      if(temperature<(temp_can*100))
      {
        dianya = 0;
      }
```

```c
            else
            {
                dianya = 5;
            }
        }
    }
    else
    {
        HC138_Select(1);
        LED1 = 1;
        if(temperature!=8500)
        {
            if(temperature<=2000)
            {
                dianya = 1;
            }
            else if(temperature>=4000)
            {
                dianya = 4;
            }
            else
            {
                dianya = temperature/100.0 * 0.15-2;
            }
        }
    }
    Pout_DAC(dianya*51);
}

void Display_SEG_Bit(unsigned char pos,unsigned char value)
{
    HC138_Select(3);
    P0 = 0x00;
    P0 = (0x01<<(pos-1));
    HC138_Select(2);
    P0 = 0xFF;
    P0 = SMG_duanma[value];
    delay_seg(1);
    P0 = 0xFF;
}

void delay_seg(unsigned int times)         //@12.000MHz
{
    unsigned char i,j;
    unsigned int n;
    for(n = 0;n < times;n++)
```

```
    {
        i = 12;
        j = 50;
        do
        {
            while (--j);
        }while (--i);
    }
}
```

(4) 温度显示界面函数。

```
void display_temperature()
{
    HC138_Select(1);
    LED2 = 0;
    LED3 = 1;
    LED4 = 1;
    Display_SEG_Bit(1,12);
    if(temperature!=8500)            //23.452345
    {
        Display_SEG_Bit(5,temperature/1000%10);
        HC138_Select(3);
        P0 = 0x00;
        P0 = 0x01<<(6-1);
        HC138_Select(2);
        P0 = 0xff;
        P0 = SMG_duanma[temperature/100%10]&(~0x80);
        delay_seg(1);
        P0 = 0xFF;
        Display_SEG_Bit(7,temperature/10%10);
        Display_SEG_Bit(8,temperature%10);
    }
}
```

(5) 参数显示界面函数。

```
void display_temp_can()
{
    HC138_Select(1);
    LED2 = 1;
    LED3 = 0;
    LED4 = 1;
    Display_SEG_Bit(1,18);            // 第一个数码管显示 P
    Display_SEG_Bit(7,temp_can/10%10);
    Display_SEG_Bit(8,temp_can%10);
}
```

（6）DAC 输出界面函数。

```c
void display_dac()
{
  unsigned int temp_dianya = 0;
  HC138_Select(1);
  LED2 = 1;
  LED3 = 1;
  LED4 = 0;
  temp_dianya = (unsigned int) (dianya*100);
  Display_SEG_Bit(1,10);
  HC138_Select(3);
  P0 = 0x00;
  P0 = 0x01<<(6-1);
  HC138_Select(2);
  P0 = 0xff;
  P0 = SMG_duanma[temp_dianya/100%10]&(~0x80);
  delay_seg(1);
  P0 = 0xff;
  Display_SEG_Bit(7,temp_dianya/10%10);
  Display_SEG_Bit(8,temp_dianya%10);
}
```

（7）键盘扫描函数。

```c
void Key_Scan()
{
  unsigned char i;
  C1 = C2 = C3 = C4 = 1;
  for(i=0;i<4;i++)
  {
    P3 |= 0x0f;
    P3 &= ~(1<<i);
    if(C1==0)
    {
      DelayK(10);
      if(C1==0)
      {
        while(C1==0)
        {
          Display();
          Panduan_Mode();
        }
        keyVal = i*4+1;
        break;
      }
    }
    else if(C2==0)
```

```
          {
             DelayK(10);
             if(C2==0)
               {
                  while(C2==0)
                   {
                      Display();
                      Panduan_Mode();
                   }
                  keyVal = i*4+2;
                  break;
               }
          }
          else if(C3==0)
          {
             DelayK(10);
             if(C3==0)
               {
                  while(C3==0)
                   {
                      Display();
                      Panduan_Mode();
                   }
                  keyVal = i*4+3;
                  break;
               }
          }
          else if(C4==0)
          {
             DelayK(10);
             if(C4==0)
               {
                  while(C4==0)
                   {
                      Display();
                      Panduan_Mode();
                   }
                  keyVal = i*4+4;
                  break;
               }
          }
       }
}
void DelayK(unsigned char t)
{
   while(t--)
```

```
    {
      Display();
      Panduan_Mode();
    }
}
```

（8）DAC 输出函数。
```
void Pout_DAC(unsigned char temp)
{
    IIC_Start();                    //IIC 总线起始信号
    IIC_SendByte(0x90);             // 发送 PCF8591 的写设备地址
    IIC_WaitAck();                  // 等待从机应答
    IIC_SendByte(0x40);             // 发送控制字节，选择 DA 模式
    IIC_WaitAck();                  // 等待从机应答
    IIC_SendByte(temp);             // 发送
    IIC_WaitAck();                  // 等待从机应答
    IIC_Stop();                     //IIC 总线起始信号
}
```

6.3　第十三届省赛试题 1

6.3.1　基本要求

（1）使用大赛组委会提供的四梯 / 国信长天单片机竞赛实训平台，完成本试题的程序设计与调试。

（2）选手在程序设计与调试过程中，可参考大赛组委会提供的"资源数据包"。

（3）请注意：程序编写、调试完成后，选手应通过考试系统提交完整、可编译的 Keil 工程文件压缩包。选手提交的工程文件应是最终版本，工程文件夹内应包含以准考证号命名的 HEX 文件，该 HEX 文件是成绩评审的依据。不符合以上文件提交要求和命名要求的作品将被评为零分或被酌情扣分。

举例说明：选手准考证号为 12345678，HEX 文件应命名为：12345678.hex。

（4）请勿上传与作品工程文件无关的其他文件。

6.3.2　竞赛板配置要求

（1）将 IAP15F2K61S2 单片机内部振荡器频率设定为 12MHz。

（2）键盘工作模式跳线 J5 配置为 KBD 键盘模式。

（3）扩展方式跳线 J13 配置为 I/O 模式。

（4）请注意：选手须严格按照以上要求配置竞赛板，编写和调试程序，不符合以上配置要求的作品将被评为零分或被酌情扣分。

系统硬件框图如图 6.8 所示。

```
         ┌──────────────────┐
         │   数码管显示单元   │
         └──────────────────┘
                  ▲
                  │
┌─────────┐   ┌──────────────────┐   ┌──────────┐
│ DS18B20 │◄─►│                  │──►│  继电器   │
└─────────┘   │ IAP15F2K61S2 单片机│   └──────────┘
┌─────────┐   │                  │   ┌──────────┐
│ DS1302  │◄─►│                  │──►│ LED 指示灯│
└─────────┘   └──────────────────┘   └──────────┘
                  ▲
                  │
         ┌──────────────────┐
         │    按键输入       │
         └──────────────────┘
```

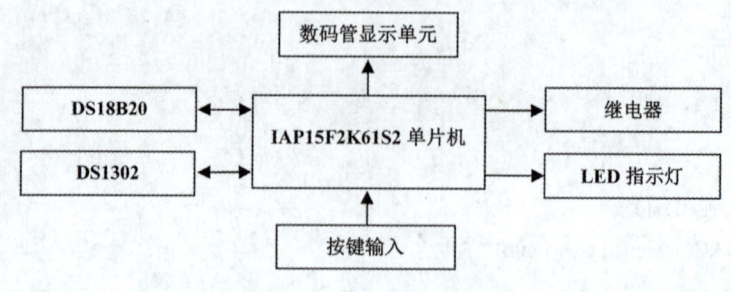

图 6.8　系统硬件框图

6.3.3　功能概述

（1）通过读取 DS18B20 温度传感器，获取环境温度数据。

（2）通过读取 DS1302 时钟芯片，获取时、分、秒数据。

（3）通过数码管完成题目要求的数据显示功能。

（4）通过按键完成题目要求的显示界面切换和设置功能。

（5）通过 LED 指示灯、继电器完成题目要求的输出指示和开关控制功能。

6.3.4　性能要求

（1）温度数据采集、刷新时间间隔：<1s。

（2）按键动作响应时间：≤ 0.2s。

（3）继电器响应时间：≤ 0.1s（条件触发后，继电器在 0.1s 内执行相关动作）。

6.3.5　显示功能

（1）温度显示界面。

温度显示界面如图 6.9 所示，显示内容包括界面编号（U1）和温度数据，温度数据保留小数点后 1 位有效数字，单位为摄氏度。

U	1	8	8	8	2	3	5
界面编号：1		熄灭			温度：23.5℃		

图 6.9　温度显示界面

（2）时间显示界面。

时间显示界面如图 6.10 所示，显示内容包括界面编号（U2）和时间数据（时、分），时间格式为 24 小时制。

U	2	8	2	3	-	2	5
界面编号：2		熄灭	23 时		分隔符	25 分	

图 6.10　时间显示界面（时、分）

(3) 参数设置界面。

参数设置界面如图 6.11 所示，显示内容包括界面编号（U3）和当前温度参数。

U	3	8	8	8	8	2	3
界面编号：3		熄灭				23℃	

图 6.11　参数设置界面

6.3.6　按键功能

S12：定义为"切换"按键，按下 S12，切换温度显示界面、时间显示界面和参数设置界面，按键 S12 的切换模式如图 6.12 所示。

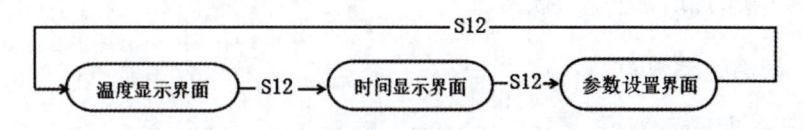

图 6.12　按键 S12 的切换模式

S13：定义为"模式"按键，用于切换工作模式，按键 S13 的切换模式如图 6.13 所示。

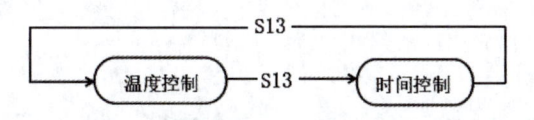

图 6.13　按键 S13 的切换模式

S16：定义为"加"按键，在参数设置界面下按下 S16，温度参数增加 1℃。

S17：定义为"减"按键。在参数设置界面下按下 S17，温度参数减少 1℃。在时间显示界面下，若 S17 按键处于被按下的状态，则时间显示界面显示秒（显示形式如图 6.14 所示）；若松开 S17，则显示时、分。

U	2	8	5	3	-	2	0
界面编号：2	熄灭	53 分		分隔符	20 秒	

图 6.14　时间显示界面（分、秒）

其他要求：

(1) 按键应做好消抖处理，避免出现一次按键动作导致功能多次触发等问题。

(2) 按键动作不影响数码管显示和数据采集过程。

(3) 按键 S16 在参数设置界面下有效，按键 S17 在时间显示界面、参数设置界面下有效。

(4) 温度参数调整范围：10℃～99℃。

6.3.7　继电器控制功能

(1) 温度控制模式：继电器状态受温度控制，若当前采集的温度数据超过了温度参数值，则继电器吸合（L10 点亮）；否则继电器断开（L10 熄灭）。

（2）时间控制模式：继电器状态受时间控制，每个整点（如 08:00:00）继电器吸合（L10 点亮）5s 后断开（L10 熄灭）。

注意：温度控制和时间控制两种工作模式应互不影响、互不干扰。

6.3.8 LED 指示灯功能

（1）整点时（如 08:00:00），指示灯 L1 开始点亮，5s 后熄灭。

（2）指示灯 L2 定义为工作模式指示灯，温度控制模式时指示灯 L2 点亮，否则指示灯 L2 熄灭。

（3）若继电器处于吸合状态（L10 点亮），则指示灯 L3 以 0.1s 为间隔切换亮/灭状态；否则指示灯 L3 熄灭。

（4）其余指示灯均处于熄灭状态。

6.3.9 初始状态说明

（1）处于温度显示界面。

（2）工作模式为温度控制模式。

（3）温度参数为 23℃。蜂鸣器与功能要求无关，工作过程中需保持蜂鸣器处于静音状态。

6.3.10 系统设计与实现

```c
#include <STC15F2K60S2.H>
#include "onewire.h"
#include "ds1302.h"
#define Latch(x,y) {P0=y;P2=x;P2=0;}
unsigned char code smgduan[]={0xC0,0xF9,0xA4,0xB0,0x99,0x92,0x82,0xF8,0x80,0x90,0xbf,0xff,0xc1};
unsigned char smg_1[8]={0xff,0xff,0xff,0xff,0xff,0xff,0xff,0xff};
unsigned char relay,key_val=0,interface=0,TP=23,count_key,count_led;
unsigned char hor1,min1,sec1,hor,min,sec,L1,L2,L3;
unsigned int tempr,count_temp,count_relay;
bit jiemian=0,mode=0,relay_time;
```

（1）数码管显示函数。

```c
void Display()
{
    static unsigned char dspcom=0;
    Latch(0xc0,0);
    Latch(0xe0,smg_1[dspcom]);
    Latch(0xc0,1<<dspcom);
    if(++dspcom==8)dspcom=0;
}
```

（2）键盘扫描函数。

```c
void Key_Scan()
{
```

```
static unsigned char state=0;
unsigned char key_x=0,key_y=0;
P3=0x0f;P4=0x00;
if(!P30)key_x=3;
else if(!P31)key_x=2;
else if(!P32)key_x=1;
else if(!P33)key_x=0;
P3=0xf0;P4=0xff;
if(!P34)key_y=4;
else if(!P35)key_y=3;
else if(!P42)key_y=2;
else if(!P44)key_y=1;
key_val=key_x+key_y*4;
switch(state)
{
    case 0:if(key_val!=0)state=1;break;
    case 1:if(key_val!=0)
    {
        state=2;
        switch(key_val)
        {
            case 12:
                if(interface==0)interface=1;
                else if(interface==1)interface=2;
                else if(interface==2)interface=0;
                break;
            case 13:mode=~mode;break;
            case 16:
                if(interface==2)
                {
                    if(TP>=99)TP=10;
                    else TP++;
                }
                break;
            case 17:
                if(interface==2)
                {
                    if(TP<=10)TP=99;
                    else TP--;
                }
                break;
        }
    }else if(key_val==0)state=0;break;
    case 2:if(key_val==0)state=0;break;
}
}
```

(3)定时器模块。

```c
void Timer0Init(void)           //1ms@12.000MHz
{
    AUXR |= 0x80;               // 定时器时钟 1T 模式
    TMOD &= 0xF0;               // 设置定时器模式
    TL0 = 0x20;                 // 设置定时初始值
    TH0 = 0xD1;                 // 设置定时初始值
    ET0=1;EA=1;
    TR0 = 1;                    // 定时器 0 开始计时
}
void Timer0() interrupt 1
{
    Display();
    if(relay)
    {
        if(++count_led<100)L3=1;
        else{L3=0;if(count_led>=200)count_led=0;}
    }
    if(key_val)
    {
        if(key_val==17)
        {
            if(interface==1){if(jiemian==0)jiemian=1;}
        }
    }
    else if(!key_val)
    {
        if(interface==1){if(jiemian==1)jiemian=0;}
    }
    if(relay_time)
    {
        if(++count_relay>=5000)
        {
            count_relay=0;
            relay_time=0;
            relay=0;
            L1=0;
        }
    }
    Latch(0xa0,relay*16);
    Latch(0x80,~(L1+L2*2+L3*4));
    ++count_temp;
    ++count_key;
}
```

（4）系统初始化函数。

```c
void InitSystem()
{
  char i=0;
  Latch(0xc0,0);
  Latch(0xa0,0);
  Latch(0x80,0xff);
  Set_Time(23,59,55);
  Timer0Init();
  for(i=0;i<70;i++){tempr=Read_Tempr()*10+0.5;}
}
```

（5）主函数。

```c
void main()
{
  InitSystem();
  while(1)
  {
    if(count_key>=10)
    {
      count_key=0;
      Key_Scan();
    }
    if(count_temp>749)
    {
      count_temp=0;
      tempr=Read_Tempr()*10+0.5;
    }
    if(TH0<0xf0)
    {
      sec1=Read_Ds1302_Byte(0x81);
      min1=Read_Ds1302_Byte(0x83);
      hor1=Read_Ds1302_Byte(0x85);
      hor=(hor1/16)*10+hor1%16;
      min=(min1/16)*10+min1%16;
      sec=(sec1/16)*10+sec1%16;
    }
    if(interface==0)
    {
      smg_1[0]=smgduan[12];
      smg_1[1]=smgduan[1];
      smg_1[5]=smgduan[tempr/100];
      smg_1[6]=smgduan[tempr%100/10]&0x7f;
      smg_1[7]=smgduan[tempr%10];
    }
    if(interface==1)
```

```
       {
          smg_1[0]=smgduan[12];
          smg_1[1]=smgduan[2];
          if(jiemian==0)
          {
             smg_1[3]=smgduan[hor/10];
             smg_1[4]=smgduan[hor%10];
             smg_1[5]=smgduan[10];
             smg_1[6]=smgduan[min/10];
             smg_1[7]=smgduan[min%10];
          }
          else if(jiemian==1)
          {
             smg_1[3]=smgduan[min/10];
             smg_1[4]=smgduan[min%10];
             smg_1[5]=smgduan[10];
             smg_1[6]=smgduan[sec/10];
             smg_1[7]=smgduan[sec%10];
          }
       }
       if(interface==2)
       {
          smg_1[0]=smgduan[12];
          smg_1[1]=smgduan[3];
          smg_1[2]=smg_1[3]=smg_1[4]=smg_1[5]=smgduan[11];
          smg_1[6]=smgduan[TP/10];
          smg_1[7]=smgduan[TP%10];
       }
       if(mode==0)
       {
          L2=1;
          if(tempr>TP*10)relay=1;
          else {relay=0;L3=0;}
          if(min==0 && sec==0){relay_time=1;L1=1;}
       }
       else if(mode==1)
       {
          L2=0;
          if(relay_time==0){relay=0;L3=0;L1=0;}
          if(min==0 && sec==0){relay=1;relay_time=1;L1=1;}
       }
    }
}
```

（6）读温度转换结果函数（显示一位小数）。

将此函数添加在 onewire.c 文件中。

```
float Read_Tempr()
{
    float temp;
    unsigned char low,high;
    init_ds18b20();
    Write_DS18B20(0xcc);
    Write_DS18B20(0x44);
    Delay_OneWire(200);
    init_ds18b20();
    Write_DS18B20(0xcc);
    Write_DS18B20(0xbe);
    low=Read_DS18B20();
    high=Read_DS18B20();
    temp=(high<<8|low)*0.0625;
    return temp;
}
```

（7）设置 DS1302 时间函数。

将此函数添加在 DS1302.c 文件中。

```
void Set_Time(unsigned char hor,min,sec)
{
    Write_Ds1302_Byte(0x8e,0);
    Write_Ds1302_Byte(0x80,(sec/10)*16+sec%10);
    Write_Ds1302_Byte(0x82,(min/10)*16+min%10);
    Write_Ds1302_Byte(0x84,(hor/10)*16+hor%10);
    Write_Ds1302_Byte(0x8e,0x80);
}
```

6.4 第十三届省赛试题 2

6.4.1 基本要求

（1）使用大赛组委会提供的四梯/国信长天单片机竞赛实训平台，完成本试题的程序设计与调试。

（2）选手在程序设计与调试过程中，可参考大赛组委会提供的"资源数据包"。

（3）请注意：程序编写、调试完成后，选手应通过考试系统提交完整、可编译的 Keil 工程文件压缩包。选手提交的工程文件应是最终版本，工程文件夹内应包含以准考证号命名的 HEX 文件，该 HEX 文件是成绩评审的依据。不符合以上文件提交要求和命名要求的作品将被评为零分或被酌情扣分。

举例说明：选手准考证号为 12345678，HEX 文件应命名为：12345678.hex。

（4）请勿上传与作品工程文件无关的其他文件。

6.4.2 竞赛板配置要求

（1）将 IAP15F2K61S2 单片机内部振荡器频率设定为 12MHz。
（2）键盘工作模式跳线 J5 配置为独立键盘模式。
（3）扩展方式跳线 J13 配置为 I/O 模式。
（4）请注意：选手须严格按照以上要求配置竞赛板，编写和调试程序，不符合以上配置要求的作品将被评为零分或被酌情扣分。

系统硬件框图如图 6.15 所示。

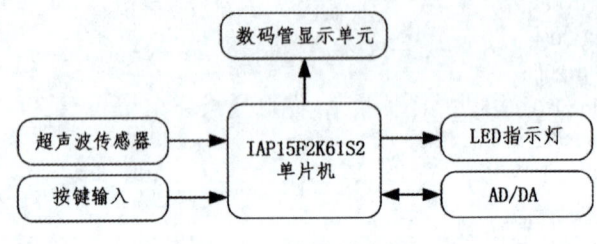

图 6.15 系统硬件框图

6.4.3 功能概述

（1）通过 PCF8591 的 ADC 通道测量电位器 RB2 的输出电压。
（2）通过超声波传感器实现测距功能，声波在空气中的传输速度为 340m/s（25℃）。
（3）通过数码管完成题目要求的数据显示功能。
（4）通过按键完成题目要求的显示界面切换和设置功能。
（5）通过 LED 指示灯完成题目要求的输出指示功能。

6.4.4 性能要求

（1）测距精度要求：≤±3cm。
（2）按键动作响应时间：≤0.2s。
（3）指示灯动作响应时间：≤0.1s。

6.4.5 显示功能

（1）电压测量界面。

电压测量界面如图 6.16 所示，显示内容包括界面编号（U）和电压数据，单位为 V。使用 3 位数码管显示电压数据，电压数据保留小数后 2 位有效数字。

U	8	8	8	8	2.	4	5
提示符		熄灭			电压：2.45V		

图 6.16 电压测量界面

(2) 参数设置界面。

参数设置界面如图 6.17 所示,显示内容包括界面编号 (P) 和电压参数。

使用 2 位数码管显示电压参数,单位为 V。电压参数(上限、下限)可调整范围为 0.5～5.0V。

P	8	8	3.	0	8	1.	5
提示符	熄灭		上限参数:3.0V		熄灭	下限参数:1.5V	

图 6.17　参数设置界面

(3) 测距界面。

测距界面如图 6.18 和图 6.19 所示,显示内容包括界面编号(L)和距离数据(或固定字符 AAA),单位为 cm。

L	8	8	8	8	8	4	5
提示符	熄灭					距离:45cm	

图 6.18　测距界面(连续测量)

L	8	8	8	8	A	A	A
提示符	熄灭				固定显示:AAA		

图 6.19　测距界面(未启动测量)

在连续测量状态下,使用 3 位数码管显示距离数据,测距结果不足 3 位时,高位(左侧)数码管熄灭。

6.4.6　按键功能

(1) 功能要求。

S4:定义为"界面"按键,按下 S4,切换测距界面和参数设置界面,按键 S4 的切换模式如图 6.20 所示。

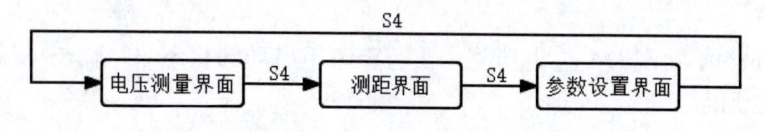

图 6.20　按键 S4 的切换模式

S5:在参数设置界面下,为参数"选择"按键,用于在参数设置界面下,选择距离上限或下限参数。按键 S5 的切换模式如图 6.21 所示。

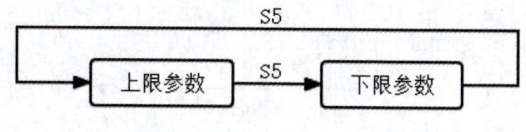

图 6.21　按键 S5 的切换模式

S6：定义为"加"按键，每次按下 S6，当前选择的电压参数增加 0.5V。
S7：定义为"减"按键，每次按下 S7，当前选择的电压参数减少 0.5V。
（2）关于参数设置的说明。
电压上限、下限参数在参数调整过程中无效，通过按键 S4 退出参数设置界面时生效。从测距界面进入参数设置界面时，默认当前选择的是电压上限参数。
（3）其他要求。
1）按键应做好消抖处理，避免出现一次按键动作导致功能多次触发等问题。
2）按键动作不影响数码管显示和数据采集过程。
3）按键 S6、S7 仅在参数设置界面下有效。电压值增加到 5.0V 或减少到 0.5V 时按照以下模式切换处理。

参数"加"模式：0.5　1.0　1.5 … 5.0　0.5。
参数"减"模式：5.0　4.5　4.0 … 0.5　5.0。

6.4.7　超声波测距功能

电位器 RB2 输出的电压值记为 VRB2，满足以下条件时启动连续超声测距功能：

$$\text{电压下限参数} < VRB2 < \text{电压上限参数}$$

否则，测距功能停止。

6.4.8　LED 指示灯功能

（1）界面指示灯。
电压测量界面下，指示灯 L1 点亮，L2、L3 熄灭。
测距界面下，指示灯 L2 点亮，L1、L3 熄灭。
参数设置界面下，指示灯 L3 点亮，L1、L2 熄灭。
（2）启动连续测量功能时，指示灯 L8 以 0.1s 为间隔，切换亮/灭状态，停止时，L8 熄灭。
（3）其余试题未涉及的指示灯均处于熄灭状态。

6.4.9　DAC 输出

通过 PCF8591 实现 DA 输出功能，在超声测距启动的状态下，输出电压值与距离的关系如图 6.22 所示。

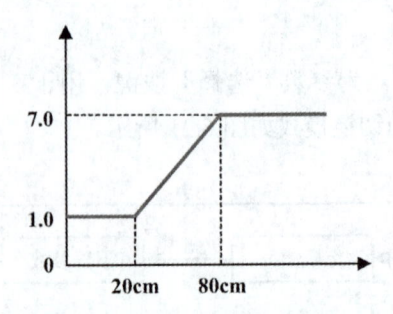

图 6.22　DA 输出电压值与距离的关系

6.4.10 系统设计与实现

（1）主函数。

```c
#include <STC15F2K60S2.H>
#include "iic.h"
#include "intrins.h"
#define uchar unsigned char
#define uint unsigned int

sbit TX = P1^0;                    // 发射引脚
sbit RX = P1^1;                    // 接收引脚

sbit L1 = P0^0;
sbit L2 = P0^1;
sbit L3 = P0^2;
sbit L8 = P0^7;

sbit S7 = P3^0;
sbit S6 = P3^1;
sbit S5 = P3^2;
sbit S4 = P3^3;

uchar jm = 0;
code uchar tab[] = {0xC0, 0xF9,0xA4,0xB0,0x99,0x92,0x82,0xF8,0x80,0x90, 0xff, 0xc1, 0x8c, 0xc3, 0x88};

bit flag_para, flag_start, flag_L8;

float Vup = 4.5, Vdown = 0.5, Vrb2, Vdac;
uint dis = 5;

void sys_init();
void dac_pcf8591(uchar da);
uchar rd_pcf8591(uchar addr);
void Delay5ms();                   //@12.000MHz
void Delay12us();                  //@12.000MHz 用于延时与产生方波
void key_func();
void delay_k(uchar t);
void Send_Sonic();                 // 用于发送8个40kHz的方波
void Sonic_func();
void led();
void dac_func();
void dsp_smg_bit(uchar pos, val, dot);
void display();
void dsp_vol();
void dsp_para();
void dsp_dis();
```

```c
void Delay1ms();                            //@12.000MHz

void main()
{
  sys_init();
  while(1)
  {
    Vrb2 = rd_pcf8591(0x43)*5/255;          // 读取通道 3 的电压，要同时允许 DAC
    key_func();
    display();
    Sonic_func();
    led();
    dac_func();
  }
}
```

（2）PCF8591 的 AD\DA 模块函数。

```c
void dac_func( )
{
  if (!flag_start)
  {
    Vdac = 0.0;
  }
  else
  {
    if (dis <= 20)
      Vdac = 1.0;
    else if (dis >= 80)
      Vdac = 5.0;
    else
    {
      Vdac = 1.0 / 15 * (dis - 20) + 1;
    }
  }
  dac_pcf8591((uchar)(Vdac * 51));
}

uchar rd_pcf8591(uchar addr)                // 读模数转换结果函数
{
  uchar da;
  IIC_Start();
  IIC_SendByte(0x90);
  IIC_WaitAck();

  IIC_SendByte(addr);
  IIC_WaitAck();
```

```c
    Delay12us();

    IIC_Start();
    IIC_SendByte(0x91);
    IIC_WaitAck();

    da = IIC_RecByte();
    IIC_SendAck(1);
    IIC_Stop();

    return da;
}

void dac_pcf8591(uchar da)         // 启动数模转换函数
{
    IIC_Start();
    IIC_SendByte(0x90);
    IIC_WaitAck();

    IIC_SendByte(0x43);
    IIC_WaitAck();

    IIC_SendByte(da);
    IIC_WaitAck();
    IIC_Stop();
    Delay5ms();
}
```

(3) LED 模块函数。

```c
void led()
{
    if (0 == jm)
    {
        P2 = (P2 & 0x1f) | 0x80;
        L1 = 0;
    }
    else if (1 == jm)
    {
        P2 = (P2 & 0x1f) | 0x80;
        L2 = 0;
    }
    else if (2 == jm)
    {
        P2 = (P2 & 0x1f) | 0x80;
        L3 = 0;
    }
```

```c
    if (flag_start)
    {
      if (flag_L8)
      {
        P2 = (P2 & 0x1f) | 0x80;
        L8 = 0;
      }
      else
      {
        P2 = (P2 & 0x1f) | 0x80;
        L8 = 1;
      }
    }
}
```

（4）超声波测距函数。

利用定时器 0 产生 12μs 定时时间，产生大约 40kHz 的方波信号，通过超声波反射电路发射超声波信号。当超声波信号碰到障碍物时就会反弹回来，通过超声波接收模块接收、放大，并判断是否为 40kHz 的信号，如果是，则超声波接收模块就会输出低电平。

```c
void Sonic_func( )                        // 测距函数
{
  if (jm != 2)                            // 电压上限、下限参数在参数调整过程中无效，通过
                                          // S4 按键退出参数设置界面时生效
  {
    flag_start = (Vrb2 > Vdown && Vrb2 < Vup);
  }
  if (flag_start)                         // 连续测量
  {
    uint t = 0;
    Send_Sonic();
    AUXR &= 0XBF;
    TMOD &= 0X0F;
    TL1 = 0;
    TH1 = 0;
    TF1 = 0;
    TR1 = 1;
    while((RX == 1) && (TF1 == 0));       // 等待超声波信号返回（RX 引脚变为低电平）或超出
                                          // 测量范围
    TR1 = 0;
    if(TF1 == 0)                          // 正常范围内
    {
      t = (TH1 << 8) | TL1;
      dis = t * 0.172 / 10;
    }
```

```c
    else
    {
      TF1 = 0;
      dis = 999;
    }
  }
}

void Send_Sonic( )                    // 发射超声波函数
{
  uchar i;
  for (i = 0; i < 8; i++)
  {
    TX = 1;
    Delay12us();
    TX = 0;
    Delay12us();
  }
}
```

（5）显示函数。

根据题目要求为每个显示界面编写一个函数。

```c
void dsp_dis( )                       // 距离显示函数
{
  dsp_smg_bit(1, 13, 0);
  if (flag_start)
  {
    if (dis > 99)
    dsp_smg_bit(6, dis / 100 % 10, 0);
    if (dis > 9)
    dsp_smg_bit(7, dis / 10 % 10, 0);
    if (dis >= 0)
    dsp_smg_bit(8, dis % 10, 0);
  }
  else
  {
    dsp_smg_bit(6, 14, 0);
    dsp_smg_bit(7, 14, 0);
    dsp_smg_bit(8, 14, 0);
  }
}

void dsp_para()                       // 参数显示函数
{
  uchar x = (uchar)(Vup * 10);
  uchar y = (uchar)(Vdown * 10);
```

```c
    dsp_smg_bit(1, 12, 0);

  dsp_smg_bit(4, x / 10, 1);
  dsp_smg_bit(5, x % 10, 0);

  dsp_smg_bit(7, y / 10, 1);
  dsp_smg_bit(8, y % 10, 0);
}

void dsp_vol()                    // 电压显示函数
{
  uint x = (uint)(Vrb2 * 100);
  dsp_smg_bit(1, 11, 0);
  dsp_smg_bit(6, x / 100, 1);
  dsp_smg_bit(7, x / 10 % 10, 0);
  dsp_smg_bit(8, x % 10, 0);
}

void dsp_smg_bit(uchar pos, val, dot)
{
  P2 = (P2 & 0x1f) | 0xc0;
  P0 = 1 << (pos - 1);

  P2 = (P2 & 0x1f) | 0xe0;
  if (!dot)
    P0 = tab[val];
  else
    P0 = tab[val] & 0x7f;
  Delay1ms();
  P0 = 0xff;
  P2 &= 0x1f;
}

void display()
{
  if (0 == jm)
    dsp_vol();
  else if(2 == jm)
    dsp_para();
  else if (1 == jm)
    dsp_dis();
}
```

（6）键盘功能函数。

有效按键识别：若连续两次读取到相同按键值，则认为是一次有效按键，并通过 flag 标志只处理该按键一次。

```c
void key_func()
{
  if (!S7)
  {
    delay_k(15);
    if (!S7)
    {
      while(!S7)
      display();
      if (2 == jm)
      {
        if (!flag_para)
        {
          if (Vup > 0.5)
            Vup -= 0.5;
          else
            Vup = 5.0;
        }
        else
        {
          if (Vdown > 0.5)
            Vdown -= 0.5;
          else
            Vdown = 5.0;
        }
      }
    }
  }

  if (!S6)
  {
    delay_k(15);
    if (!S6)
    {
      if (2 == jm)
      {
        if (!flag_para)
        {
          if (Vup <= 4.5)
            Vup += 0.5;
          else
            Vup = 0.5;
        }
        else
        {
          if (Vdown <= 4.5)
            Vdown += 0.5;
          else
            Vdown = 0.5;
        }
      }
```

```
            }
            while(!S6)
                display();
        }
    }

    if (!S5)                          // 参数选择
    {
        delay_k(15);
        if (!S5)
        {
            flag_para = !flag_para;
            while(!S5)
                display();
        }
    }
    if (!S4)                          // 界面切换
    {
        delay_k(15);
        if (!S4)
        {
            if (++jm >= 3)
                jm = 0;
            if (2 == jm)
                flag_para = 0;
            while(!S4)
                display();
        }
    }
}
```

（7）部分延时函数。

```
void Delay1ms()         //@12.000MHz
{
    unsigned char i, j;
    i = 12;
    j = 169;
    do
    {
        while (--j);
    } while (--i);
}

void delay_k(uchar t)
{
    while(t--)
    display();
}
```

6.5　第十四届省赛试题

6.5.1　基本要求

（1）使用大赛组委会提供的四梯/国信长天单片机竞赛实训平台，完成本试题的程序设计与调试。

（2）选手在程序设计与调试过程中，可参考大赛组委会提供的"资源数据包"。

（3）请注意：程序编写、调试完成后，选手应通过考试系统提交完整、可编译的 Keil 工程文件压缩包。选手提交的工程文件应是最终版本，工程文件夹内应包含以准考证号命名的 HEX 文件，该 HEX 文件是成绩评审的依据。不符合以上文件提交要求和命名要求的作品将被评为零分或被酌情扣分。

举例说明：选手准考证号为 12345678，HEX 文件应命名为：12345678.hex，

（4）请勿上传与作品工程文件无关的其他文件。

6.5.2　竞赛板配置要求

（1）将 IAP15F2K61S2 单片机内部振荡器频率设定为 12MHz。

（2）键盘工作模式跳线 J5 配置为矩阵键盘模式。

（3）扩展方式跳线 J13 配置为 I/O 模式。

（4）请注意：选手须严格按照以上要求配置竞赛板，编写和调试程序，不符合以上配置要求的作品将被评为零分或被酌情扣分。

系统硬件框图如图 6.23 所示。

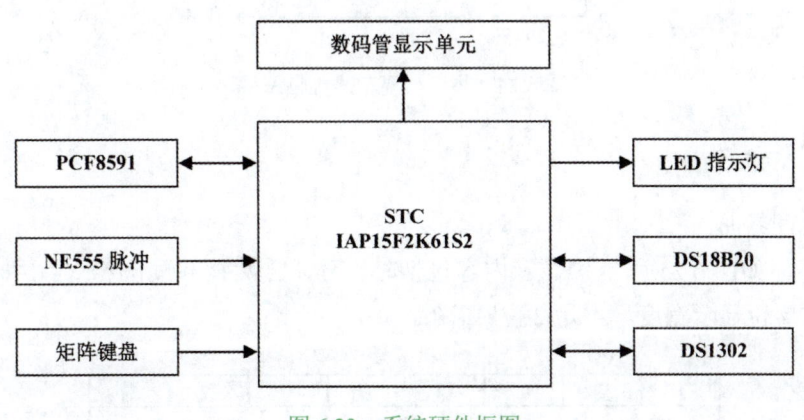

图 6.23　系统硬件框图

6.5.3　功能概述

（1）通过 PCF8591 的 ADC 通道测量光敏电阻和固定电阻的分压结果，实现"亮""暗"

两种状态的检测。

（2）通过读取 DS1302RTC 芯片，获取时间数据。

（3）通过读取 DS18B20 温度传感器，获取环境温度数据。

（4）通过单片机 P34 引脚测量 NE555 输出的脉冲信号频率，并将其转换为环境湿度数据。

（5）通过数码管、按键完成题目要求的数据显示、界面切换、参数设置功能。

（6）通过 LED 指示灯完成题目要求的输出指示功能。

6.5.4 性能要求

（1）频率测量精度：±8%。

（2）按键动作响应时间：≤ 0.2s。

（3）指示灯动作响应时间：≤ 0.1s。

（4）"亮""暗"状态变化感知时间：≤ 0.5s。

6.5.5 湿度测量

通过单片机 P34 引脚测量 NE555 脉冲输出频率，频率与湿度的对应关系如图 6.24 所示，若测量到的频率不在 200～2000Hz 范围内，认为是无效数据。

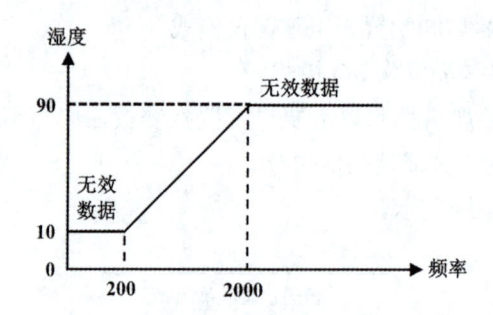

图 6.24 频率与湿度的对应关系

6.5.6 显示功能

（1）时间界面。

时间界面如图 6.25 所示，显示内容包括时、分、秒数据和间隔符（-），时、分、秒数据固定占 2 位显示宽度，不足 2 位时补 0。

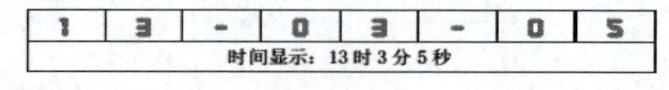

图 6.25 时间界面

（2）回显界面。

回显界面包括温度回显、湿度回显和时间回显三个子界面。温度回显界面如图 6.26

所示，由标识符（C）、最大温度、间隔符（-）和平均温度组成。

C		2	8	-	2	3	2
编号	熄灭	最大温度：28℃		间隔	平均温度：23.2℃		

图 6.26　温度回显界面

湿度回显界面如图 6.27 所示，由标识符（H）、最大湿度、间隔符（-）和平均湿度组成。

H		6	8	-	5	0	4
编号	熄灭	最大湿度：68%		间隔	平均湿度：50.4%		

图 6.27　湿度回显界面

温度、湿度最大值为整数，平均值保留小数点后 1 位有效数字。

时间回显界面如图 6.28 所示，由标识符（F）、触发次数、时、间隔符（-）、分数据组成。

F	0	2	2	1	-	1	3
编号	触发：2		21时		间隔	13分	

图 6.28　时间回显界面

触发次数：采集功能累计触发的次数，长度不足 2 位时左侧补 0。

触发时间：最近一次触发数据采集功能的时间。

当触发次数为 0 时，时间回显界面的时、间隔符、分显示位置熄灭；温度、湿度回显界面除界面标识符外的其他位熄灭。

（3）参数界面。

参数界面如图 6.29 所示，显示内容包括界面编码（P）、温度参数。

P						3	0
编号			熄灭			温度参数：30℃	

图 6.29　参数界面

（4）温湿度界面。

温湿度界面如图 6.30 所示，显示内容包括界面编号（E）、温度数据、间隔符（-）和湿度数据。温湿度界面下，温度、湿度数据均为整数。

E			2	2	-	4	8
编号	熄灭		温度：22℃		间隔	湿度：48%	

图 6.30　温湿度界面

（5）显示要求：

按照题目要求的界面格式和切换方式进行设计。

数码管显示无重影、闪烁、过暗、亮度不均匀等严重影响显示效果的缺陷。

温度（含参数）数据显示范围为 0～99℃，不考虑负温度。

6.5.7 采集触发

（1）通过 PCF8591 采集光敏电阻与固定电阻的分压结果，光敏电阻在"挡光"条件下，认为是"暗"状态，反之认为是"亮"状态。当检测到环境从"亮"状态切换到"暗"状态时，触发一次温度、湿度数据采集功能。

（2）采集功能触发后，数码管立刻切换到温湿度界面，显示本次采集到的温度、湿度数据，3s 内不可再重复触发，3s 后返回"原状态"。采集功能触发后的界面切换模式如图 6.31 所示。

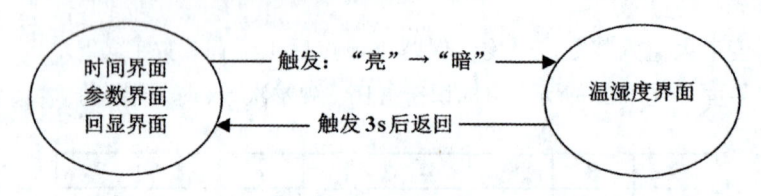

图 6.31 采集功能触发后的界面切换模式

6.5.8 按键功能

（1）功能要求。

使用 S4、S5、S8、S9 完成界面切换与设置功能。

S4：定义为"界面"按键，按下 S4，切换时间界面、回显界面和参数界面，按键 S4 的切换模式如图 6.32 所示。

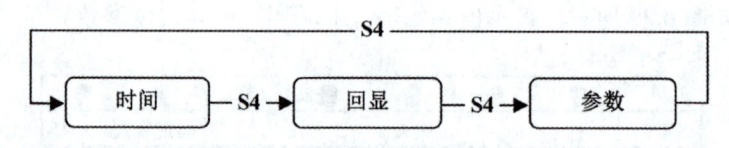

图 6.32 按键 S4 的切换模式

S5：定义为"回显"按键，在记录回显界面下，按下 S5，切换温度回显、湿度回显和时间回显三个子界面。按键 S5 在时间界面无效，按键 S5 的切换模式如图 6.33 所示。

图 6.33 按键 S5 的切换模式

要求：每次从时间界面切换到回显界面时，处于温度回显界面。

S8：定义为"加"按键，参数界面下，按下 S8，温度参数值加 1。

S9：定义为"减"按键，参数界面下，按下 S9，温度参数值减 1；时间回显界面下，长按 S9 超过 2s 后松开，清除所有已记录的数据，触发次数重置为 0。

（2）按键要求。

1）按键应做好消抖处理，避免出现一次按键动作导致功能多次触发等问题。

2）按键动作不影响数码管显示等其他功能。

3）按键 S5 仅在回显界面下有效。

4）按键 S8 仅在参数界面下有效。

5）数码管处于温湿度界面期间，所有按键操作无效。

6）合理设计按键的长按和短按功能，按键功能互不影响。

6.5.9 LBD 指示灯功能

（1）界面指示灯。

时间界面下，指示灯 L1 点亮，否则指示灯 L1 熄灭。

回显界面（三个子界面）下，指示灯 L2 点亮，否则指示灯 L2 熄灭。

温湿度界面下，指示灯 L3 点亮，否则指示灯 L3 熄灭。

（2）报警指示灯。

采集温度大于温度参数时，指示灯 L4 以 0.1s 为间隔切换亮、灭状态。

采集到无效的湿度数据时，指示灯 L5 点亮，直到下一次采集到有效数据时熄灭。

若与上一次采集到的数据相比（触发次数 $N \geqslant 2$），本次采集到的温度、湿度均升高，则指示灯 L6 点亮，否则指示灯 L6 熄灭。

其余试题未涉及的指示灯均处于熄灭状态。

6.5.10 初始状态

请严格按照以下要求设计作品的上电初始状态。

（1）处于时间界面。

（2）默认温度参数为 30℃。

（3）触发次数为 0。

6.5.11 系统设计与实现

```
#include "HC138.h"
#include "PCF8591.h"
#include "onewire.h"
#include "ds1302.h"
sbit R1=P3^2;
sbit R2=P3^3;
sbit C1=P4^4;
sbit C2=P4^2;
unsigned char code Write_ADDR[3]={0x80,0x82,0x84};
```

```
unsigned char code Read_ADDR[3]={0x81,0x83,0x85};
unsigned char Time[3]={0},hour,fen,smg_count,F_ne;
unsigned char count_N,F_smg,mode,led_sta=0xff,S,T;
unsigned char para_T=30,T_max,S_max,times,sta;
float ave_T,ave_S;
unsigned int dat_f,count_f=0,sum_T,sum_S;
unsigned char F_error,key_count,key_sta,F_key,led_count,F_led;
unsigned char xdata S_dat[50]={0};
unsigned char xdata T_dat[50]={0};
unsigned char old_smg,old_mode,F_adc,adc_count,m,n,change_la,adc_value,old_adc;
void LED_control();
```

(1) 实时时钟 DS1302 函数。

```
void DS1302_Write()
{
  int i;
  Write_Ds1302_Byte(0x8e,0x00);
  for(i=0;i<3;i++)
  {
    Write_Ds1302_Byte(Write_ADDR[i],Time[i]);
  }
  Write_Ds1302_Byte(0x8e,0x80);
}

void DS1302_Read()
{
  int i;
  for(i=0;i<3;i++)
  {
    Time[i]=Read_Ds1302_Byte(Read_ADDR[i]);
  }
}
```

(2) 显示函数。

```
void Display_Time()                 //时间界面
{
  DS1302_Read();
  SMG_bit(0,SMG_Duanma[Time[2]/16]);
  SMG_bit(1,SMG_Duanma[Time[2]/16]);
  SMG_bit(2,SMG_Duanma[15]);
  SMG_bit(3,SMG_Duanma[Time[1]/16]);
  SMG_bit(4,SMG_Duanma[Time[1]%16]);
  SMG_bit(5,SMG_Duanma[15]);
  SMG_bit(6,SMG_Duanma[Time[0]/16]);
  SMG_bit(7,SMG_Duanma[Time[0]%16]);
}
```

```
void Display_C()                    // 温度回显界面
{
   SMG_bit(0,SMG_Duanma[10]);
   if(times==0)
   {
      SMG_close();
   }
   else
   {
      SMG_bit(2,SMG_Duanma[T_max/10]);
      SMG_bit(3,SMG_Duanma[T_max%10]);
      SMG_bit(4,SMG_Duanma[15]);
      SMG_bit(5,SMG_Duanma[(int)(ave_T*10)/100]);
      SMG_bit(6,SMG_Duanma_Dot[(int)(ave_T*10)/10%10]);
      SMG_bit(7,SMG_Duanma[(int)(ave_T*10)%10]);
   }
}

void Display_H()                    // 湿度回显界面
{
   SMG_bit(0,SMG_Duanma[11]);
   if(times==0)
   {
      SMG_close();
   }
   else
   {
      SMG_bit(2,SMG_Duanma[S_max/10]);
      SMG_bit(3,SMG_Duanma[S_max%10]);
      SMG_bit(4,SMG_Duanma[15]);
      SMG_bit(5,SMG_Duanma[(int)(ave_S*10)/100]);
      SMG_bit(6,SMG_Duanma_Dot[(int)(ave_S*10)/10%10]);
      SMG_bit(7,SMG_Duanma[(int)(ave_S*10)%10]);
   }
}

void Display_F()                    // 时间回显界面
{
   SMG_bit(0,SMG_Duanma[12]);
   if(times==0)
   {
      SMG_close();
   }
   else
   {
      SMG_bit(1,SMG_Duanma[times/10]);
```

```c
    SMG_bit(2,SMG_Duanma[times%10]);
    SMG_bit(3,SMG_Duanma[hour/16]);
    SMG_bit(4,SMG_Duanma[hour%16]);
    SMG_bit(5,SMG_Duanma[15]);
    SMG_bit(6,SMG_Duanma[fen/16]);
    SMG_bit(7,SMG_Duanma[fen%16]);
  }
}

void Display_P()                    // 参数界面
{
   SMG_bit(0,SMG_Duanma[13]);
   SMG_bit(6,SMG_Duanma[para_T/10]);
   SMG_bit(7,SMG_Duanma[para_T%10]);
}

void Display_E()                    // 温湿度界面
{
   SMG_bit(0,SMG_Duanma[14]);
   SMG_bit(3,SMG_Duanma[T/10]);
   SMG_bit(4,SMG_Duanma[T%10]);
   SMG_bit(5,SMG_Duanma[15]);
   if(F_error)
   {
      SMG_bit(6,SMG_Duanma[16]);
      SMG_bit(7,SMG_Duanma[16]);
   }
   else
   {
      SMG_bit(6,SMG_Duanma[S/10]);
      SMG_bit(7,SMG_Duanma[S%10]);
   }
}

void Display()                      // 显示界面选择
{
   if(F_smg==0)
   {
      Display_Time();
   }
   else if(F_smg==1)
   {
      if(mode==0)
      {
         Display_C();
      }
```

```c
        else if(mode==1)
        {
          Display_H();
        }
        else
        {
          Display_F();
        }
      }
      else if(F_smg==2)
      {
        Display_P();
      }
      else
      {
        Display_E();
      }
    }
```

(3)数据采集函数。

```c
void Dat_Collect()                    // 数据采集函数
{
  if(F_ne)
  {
    F_ne=0;
    dat_f=count_f;
    count_f=0;
  }
  if(F_adc)
  {
    F_adc=0;
    if(sta==0)
    {
      Read_AIN(1);
      old_adc=Read_AIN(1);
      sta=1;
    }
    else if(change_la==0)
    {
      Read_AIN(1);
      adc_value=Read_AIN(1);
      if(adc_value<127&&old_adc>127)
      {
        change_la=1;
        times++;
        hour=Time[2];
```

```
            fen=Time[1];
            T=Read_T();
            T_dat[m++]=T;
            sum_T+=T;ave_T=sum_T/(float)(m);
            T_max=T>T_max?T:T_max;
            if(dat_f>=200&&dat_f<=2000)
            {
                F_error=0;
                S=(2*dat_f+50)/45.0;
                S_dat[n++]=S;
                sum_S+=S;ave_S=sum_S/(float)(n);
                S_max=S>S_max?S:S_max;
            }
            else
            {
                F_error=1;
            }
            old_smg=F_smg;old_mode=mode;
            F_smg=3;
        }
        old_adc=adc_value;
    }
  }
}
```

（4）键盘扫描函数。

```
void Key_scan()
{
  R1=R2=1;
  C1=0,C2=1;
  if(R2==0)   //S4
  {
    Delay(250);
    if(R2==0)
    {
      if(F_smg==0)
      {
        mode=0;
        F_smg=1;
      }
      else if(F_smg==1)
      {
        F_smg=2;
      }
      else if(F_smg==2)
      {
```

```
          F_smg=0;
        }
      }
      while(R2==0)
      {
        Display();
        Dat_Collect();
        LED_control();
      }
    }
    else if(R1==0)    //S5
    {
      Delay(250);
      if(R1==0)
      {
        if(F_smg==1)
        {
          if(mode==0)
          {
            mode=1;
          }
          else if(mode==1)
          {
            mode=2;
          }
          else
          {
            mode=0;
          }
        }
      }
      while(R1==0)
      {
        Display();
        Dat_Collect();
        LED_control();
      }
    }
    R1=R2=1;
    C1=1,C2=0;
    if(R2==0)  //S8
    {
      Delay(250);
      if(R2==0)
      {
        if(F_smg==2)
```

```
            {
                para_T++;
                if(para_T>99)
                {
                    para_T=99;
                }
            }
        }
        while(R2==0)
        {
            Display();
            Dat_Collect();
            LED_control();
        }
    }
    else if(R1==0)    //S9
    {
        Delay(250);
        if(R1==0)
        {
            if(F_smg==2)
            {
                para_T--;
                if(para_T==255)
                {
                    para_T=0;
                }
                while(R1==0)
                {
                    Display();
                    Dat_Collect();
                    LED_control();
                }
            }
            else if(F_smg==1)
            {
                if(mode==2)
                {
                    key_sta=1;
                    while(R1==0)
                    {
                        Display();
                        Dat_Collect();
                        LED_control();
                    }
                    key_sta=0;
```

```
                    key_count=0;
                    if(F_key)
                    {
                        times=0,sum_S=0,sum_T=0;
                        n=0,m=0;
                        Clear(S_dat);
                        Clear(T_dat);
                    }
                    F_key=0;
            }
        }
    }
}
```

（5）指示灯控制函数。

```
void LED_control()
{
    if(F_smg==0)
    {
        led_sta=(led_sta&0xfe)|0x06;
    }
    else if(F_smg==1)
    {
        led_sta=(led_sta&0xfd)|0x05;
    }
    else if(F_smg==3)
    {
        led_sta=(led_sta&0xfb)|0x03;
    }
    else
    {
        led_sta|=0x07;
    }
    if(T>para_T)
    {
        if(F_led)
        {
            F_led=0;
            led_sta^=0x08;
        }
    }
    else
    {
        led_sta|=0x08;
    }
```

```c
    if(F_error)
    {
       led_sta&= ~0x10;
    }
    else
    {
       led_sta|=0x10;
    }
    if(times>=2)
    {
       if(S_dat[n-1]>S_dat[n-2]&&T_dat[m-1]>T_dat[m-2])
       {
          led_sta&=~0x20;
       }
       else
       {
          led_sta|=0x20;
       }
    }
    HC138set(4,led_sta);
}
```

（6）定时器中断函数。

```c
void T1_service() interrupt 3
{
   if(++count_N==20)
   {
      count_N=0;
      F_ne=1;
   }
   if(key_sta)
   {
      if(++key_count>40)
      {
         key_count=0;
         key_sta=0;
         F_key=1;
      }
   }
   if(++led_count==2)
   {
      led_count=0;
      F_led=1;
   }
   if(++adc_count==4)
   {
```

```
      adc_count=0;
      F_adc=1;
    }
    if(F_smg==3)
    {
      if(++smg_count>60)
      {
        smg_count=0;
        F_smg=old_smg;
        mode=old_mode;
        change_la=0;
      }
    }
  }

  void T0_service() interrupt 1
  {
    count_f++;
  }
```

（7）主函数。
```
void main()
{
  Sys_init();
  Read_T();
  Delay750ms();
  DS1302_Write();
  while(1)
  {
    Key_scan();
    Dat_Collect();
    LED_control();
    Display();
  }
}
```

第 7 章 电子设计竞赛案例分析

7.1 滚球控制系统

7.1.1 任务要求和评分标准

在边长为 65cm 光滑的正方形平板上均匀分布着 9 个外径为 3cm 的圆形区域，其编号分别为 1～9，位置如图 7.1 所示。设计一个控制系统，通过控制平板的倾斜，使直径不大于 2.5cm 的小球能够按照指定的要求在平板上完成各种动作，同时从动作开始计时并显示，单位为秒（s）。

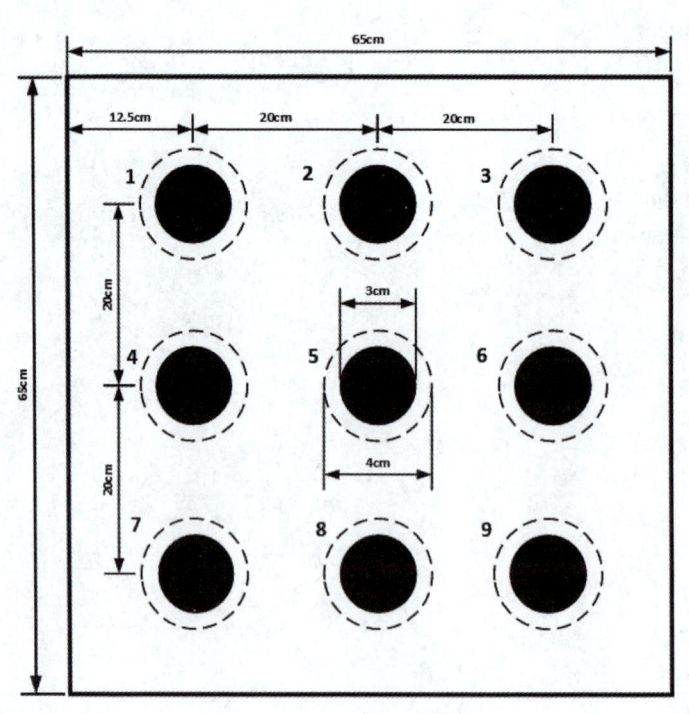

图 7.1 平板位置分布示意

一、要求

1. 基本部分

（1）将小球放置在区域2，控制小球在区域内的停留时间不少于5s。

（2）在15s内，控制小球从区域1进入区域5，在区域5的停留时间不少于2s。

（3）控制小球从区域1进入区域4，在区域4的停留时间不少于2s；再进入区域5，小球在区域5的停留时间不少于2s。完成以上两个动作的总时间不超过20s。

（4）在30s内，控制小球从区域1进入区域9，且在区域9的停留时间不少于2 s。

2. 发挥部分

（1）在40s内，控制小球从区域1出发，先后进入区域2、区域6，停止于区域9，在区域9的停留时间不少于2s。

（2）在40s内，控制小球从区域A出发，先后进入区域B、区域C，停止于区域D；测试现场用键盘依次设置区域编号A、B、C、D，控制小球完成动作。

（3）小球从区域4出发，做环绕区域5的运动（不进入），运动不少于3周后停止于区域9，且保持不少于2s。

（4）其他。

二、说明

1. 系统结构要求与说明

（1）平板的长、宽不得大于图7.1中的标注尺寸；1～9号圆形区域的外径为3cm，相邻两个区域的中心距为20cm；1～9号圆形区域内可选择加工外径不超过3cm的凹陷。

（2）平板及1～9号圆形区域的颜色可自行决定。

（3）自行设计平板的支撑(或悬挂)结构，选择执行机构，但不得使用商品化产品；检测小球运动的方式不限；若平板机构上无自制电路，则无须密封包装，可随身携带至测试现场。

（4）平板可采用木质(细木工板、多层夹板)、金属、有机玻璃、硬塑料等材质，其表面应平滑，不得敷设其他材料，且边缘无凸起。

（5）小球需采用坚硬、均匀材质，小球直径不大于2.5cm。

（6）控制运动过程中，除自身重力、平板支撑力及摩擦力外，小球不应受到任何外力的作用。

2. 测试要求与说明

（1）每项运动开始时，用手将小球放置在起始位置。

（2）运动过程中，小球进入指定区域是指小球投影与实心圆形区域有交叠；小球停留在指定区域是指小球边缘不超出区域虚线界；小球进入非指定区域是指小球投影与实心圆形区域有交叠。

（3）运动过程中小球进入非指定区域将被扣分；在指定区域未能停留指定的时间将

被扣分；每项动作应在限定时间内完成，超时将被扣分。

（4）测试过程中，小球在规定动作完成前滑离平板视为失败。全国决赛分4个阶段进行。

三、评分标准

	项目	主要内容	满分
设计报告	系统方案	技术路线、系统结构、方案论证	3
	理论分析与计算	小球检测及控制方法分析	5
	电路与程序设计	电路设计与参数计算，小球运动检测与处理，执行机构控制算法与驱动	5
	测试结果	测试方法，测试数据，测试结果分析	4
	设计报告结构及规范性	摘要，设计报告结构及正文图表的规范性	3
	合计		20
基本部分	完成第（1）项		10
	完成第（2）项		10
	完成第（3）项		15
	完成第（4）项		15
	合计		50
发挥部分	完成第（1）项		15
	完成第（2）项		15
	完成第（3）项		10
	完成第（4）项		10
	合计		50
总分			120

四、基本信息

学校名称	东南大学		
参赛学生1	邢永陈	Email	ycxing@seu.edu.cn
参赛学生2	徐浩	Email	haoxu@seu.edu.cn
参赛学生3	张梦璐	Email	mlzhang@seu.edu.cn
指导教师	符影杰	Email	Seu80@126.com
获奖等级	全国二等奖		
指导教师简介	符影杰，博士，副教授，学科专业为检测技术与自动化装置，研究方向为检测技术应用、智能仪表与计算机控制系统的设计应用		

7.1.2 设计方案工作原理

一、预期实现目标定位

由 STM32F407 单片机 PWM 控制 42 步进电动机的正反转，通过细绳的放收实现 x 轴和 y 轴的上下运动，从而控制小球滚动。利用摄像头检测小球位置，最终实现小球在平板上的定位和运动，并在小球通过固定位置或完成某项动作后，进行声光提示。

1. 技术方案分析比较

（1）支撑结构的论证与选择。

方案 1：采用吊线悬挂的方式，优势有两个：一是控制输出和端点的高度基本上呈线性关系；二是移动范围比较大，但是绕线悬挂结构容易使平板晃动。

方案 2：采用丝杆上顶的方式，电动机上装一个螺纹杆，螺纹杆上套一个圆盘，电动机带动螺纹杆转动使圆盘上下移动，从而平板就能上下移动，结构简单。

综上，考虑装置控制的时效性，选择方案 1。

（2）核心控制模块的论证与选择。

方案 1：采用 STM32 系列单片机。此单片机处理数据的速度较快，运算能力强，软件编程简单灵活，可控性大，兼容性强，能够对外围电路实现较理想的智能控制。

方案 2：采用 FPGA 处理数据的速度快且资源丰富、开发周期短。但 FPGA 的结构较复杂，比较适用于在逻辑功能及数据处理速度两方面要求比较高的系统方案里。

综上，考虑编程的效率，选择方案 1。

（3）电动机驱动模块的论证与选择。

方案 1：采用直流电动机，利用直流电动机的正反转来控制平板的升降。它在控制上简便、调速性能好，但是可靠性差、转速快，不利于平板的控制。

方案 2：采用舵机来实现功能，其结构紧凑、易于安装、控制简单，但是响应周期必须大于 20ms，不利于性能的调试。

方案 3：采用步进电动机来控制平板的升降。其特点如下：供电电压为 24～50VDC，电流为 1～4A，它便于自动化控制，定位精度高，转矩波动小，低速运行很平稳。

综上，为了定位的精准度和稳定性，选择方案 3。

（4）小球位置检测方案论证与选择。

方案 1：采用光电传感器，在平板的关键位置安装光电传感器，当小球经过该点时反馈信号给主控芯片，该传感器的灵敏度较高，体积小，可随意摆放，比较灵活。

方案 2：采用摄像头，其检测视野大，获得的信息更全面，结构简单。

方案 3：采用触摸屏，触摸屏有电阻屏和电容屏两种，电阻屏通过轻触按压来判断触点位置，电容屏无须接触就能感应触点位置，两者均能精确判断小球位置，但相对成本较高。

综上，使用摄像头检测小球的位置，选择方案2。

二、技术路线实现说明

检测装置选择OV2640摄像头，固定在支架顶端，放置在平板正上方中央处。驱动机构采用42步进电动机，通过滑轮绕线吊起平板相邻两边的正中间，即控制平板x轴和y轴的上下移动，从而实现小球在平板上的定位和运动。图7.2所示为平板上标识区域1～9位置，图7.3所示为滚球控制系统结构简图。

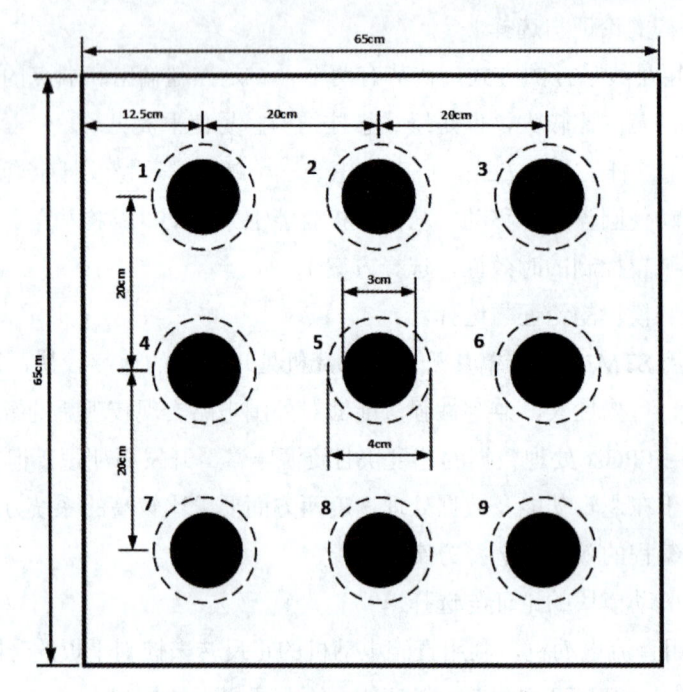

图7.2 滚球控制系统平板标记示意

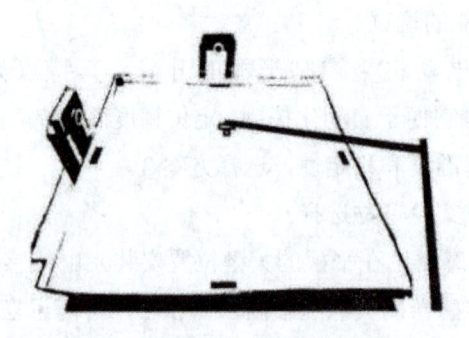

图7.3 滚球控制系统结构简图

7.1.3 系统结构工作原理

本系统在设计中主要包括：核心控制模块STM32F407单片机、电动机驱动模块、声光报警模块和按键开关等功能模块，系统组成框图如图 7.4 所示。

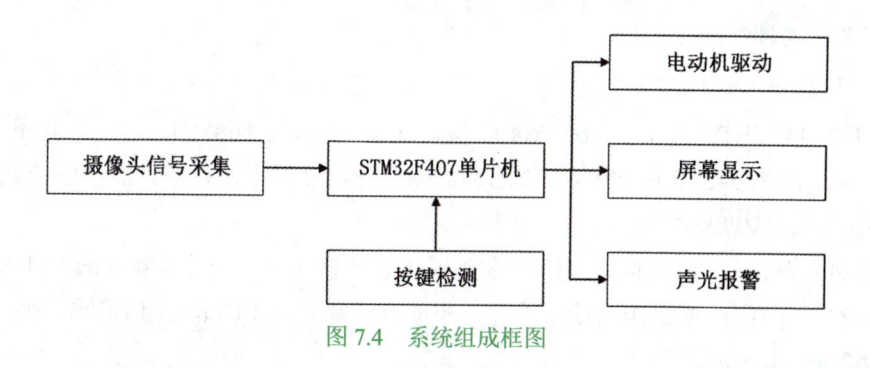

图 7.4　系统组成框图

一、功能指标实现方法

1. 水平调零

在小球运动控制前，首先对平板进行调零，即通过上、下按键，将平板调至水平位置，并在平板中心范围内放置小球验证其是否水平，确定平板水平后，通过按键操作，记录当前步进电动机的初始位置为 0，在此后的控制运动中记录步进电动机的偏移位置。

2. 位置检测

通过摄像头实时检测小球位置，计算小球当前位置和目标位置的偏差，进行闭环反馈控制，最终消除偏差。

二、测量控制分析处理

1. 摄像头数据处理

因为摄像头观测到的图像会存在畸变，故需对图像进行一定处理，消除图像的不准确性；或者通过实验对平板位置进行坐标标定，确保精确度。

2. 控制方法——二维解耦

因为小球的低速度和加速度运动使两个方向之间的相互影响可以忽略，所以可将平板上的 x 和 y 方向解耦，对两个方向单独进行控制，通过两个独立的控制回路控制小球的运动，一个控制回路控制小球的 x 位置，另一个控制回路控制小球的 y 位置。

3. 控制方法——闭环 &PID 串级控制

平板角度任何细微的变化将导致小球的持续加速直到其离开平板，因此，想要在平板上实现稳定的球定位需要闭环控制。x 轴和 y 轴的每个闭环控制回路由两部分组成：内环控制回路和外环控制回路。内环驱动步进电动机进行步进数控制，外环为内环提供步进电动机的步进数，依据当前位置和目标位置之差驱动步进电动机。外环采用比例微分（PD）控制，内环采用比例控制。

4. 路径规划

为使小球有效避开某区域，需要进行路径规划，当小球由目标点 1 到目标点 2 时避免直线运动，而经第 3 点中转。

7.1.4 核心部件电路设计

一、关键器件性能分析

1. 主控芯片 STM32F407VET6

STM32F407VET6 基于 Cortex M4 内核，工作频率为 168MHz，工作电压为 1.8～3.6V，存储空间为 512kB Flash 和 192kB SRAM，外设资源丰富，是性能很好的微控制器。

2. 摄像头 OV2640

OV2640 是一款 200W 像素高清摄像头模块。该模块采用一个 1/4 寸的 CMOS UXGA（1632×1232）图像传感器作为核心部件，集成有源晶振和 LDO，接口简单，使用方便。

3. 42 步进电动机

42 步进电动机特点如下：步距精度 5%，耐压 500VAC/min，径向跳动最大 0.02mm（450g 负载），轴向跳动最大 0.08mm（450g 负载）。

4. TB6600 步进电动机驱动器

TB6600 步进电动机驱动器是一款专业的两相步进电动机驱动，可实现正反转控制。通过 S1、S2、S3 3 位拨码开关选择 8 挡细分控制，通过 S4、S5、S6 3 位拨码开关选择 6 挡电流控制。该驱动器具有噪音小，震动小，运行平稳的特点。

二、电路结构工作机理

该电路采用两块单片机通过蓝牙通信协同控制：一块进行摄像头数据的采集和处理；另一块根据图像处理结果进行步进电动机的控制，电路结构工作机理如图 7.5 所示。

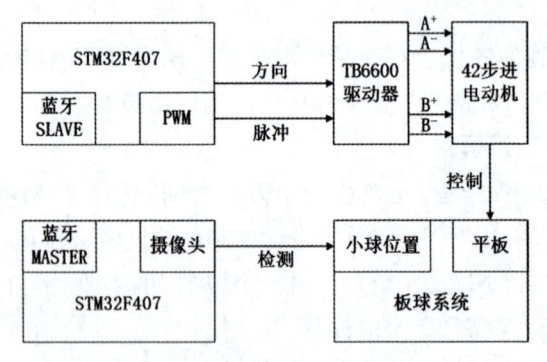

图 7.5　电路结构工作机理

电路主板是通过自主设计绘制并进行 PCB 制板的。主板集成常用外设，含电源模块、串口通信模块、摄像头模块、PWM 模块、按键模块、屏幕显示模块。

1. 电源模块电路

为保障电源模块的可靠性，进行冗余设计，既可以通过直流电源供电，又可以通过电池供电，并进行防反接设计，采用 AMS1117 进行稳压，电路如图 7.6 所示。

2. 显示模块电路

为提高人机交互的方便性，采用 LCD 和 OLED 实时显示数据和参数，电路如图 7.7 所示。

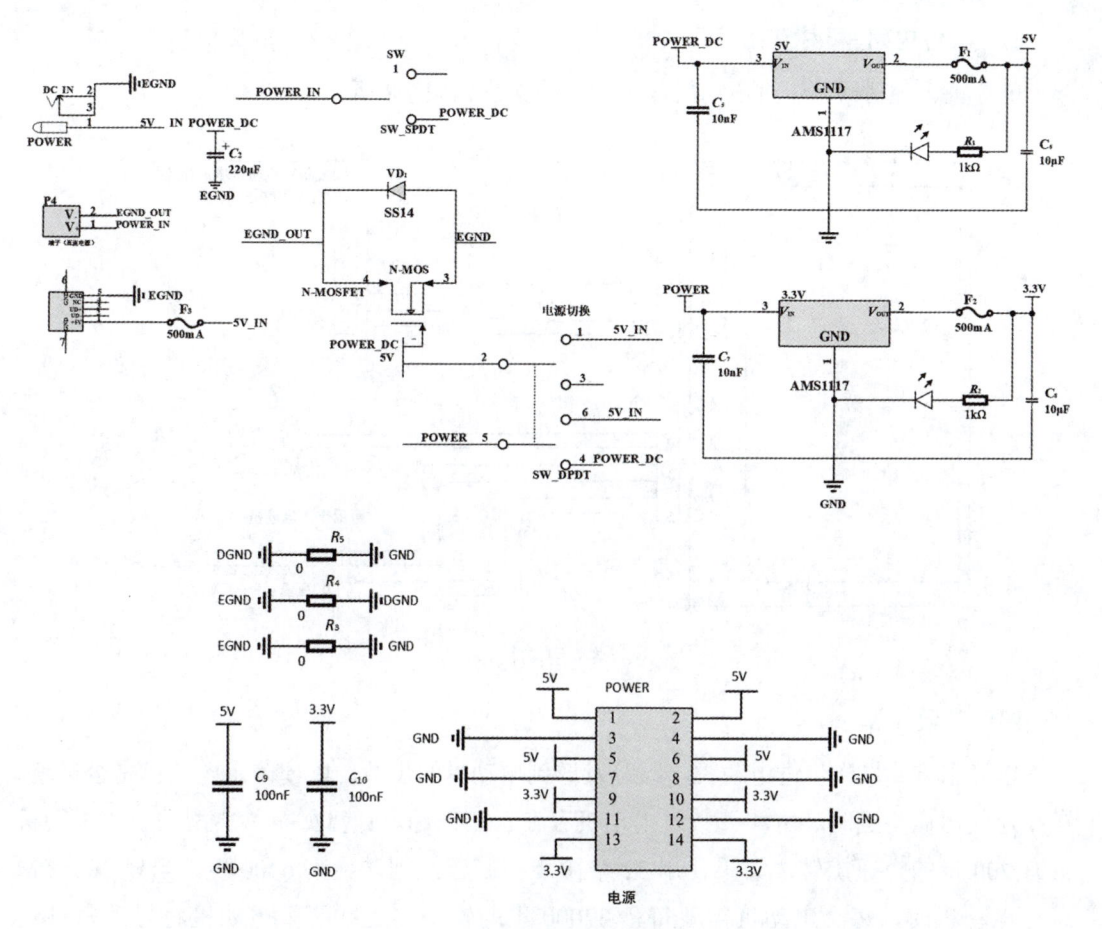

图 7.6 电源模块电路

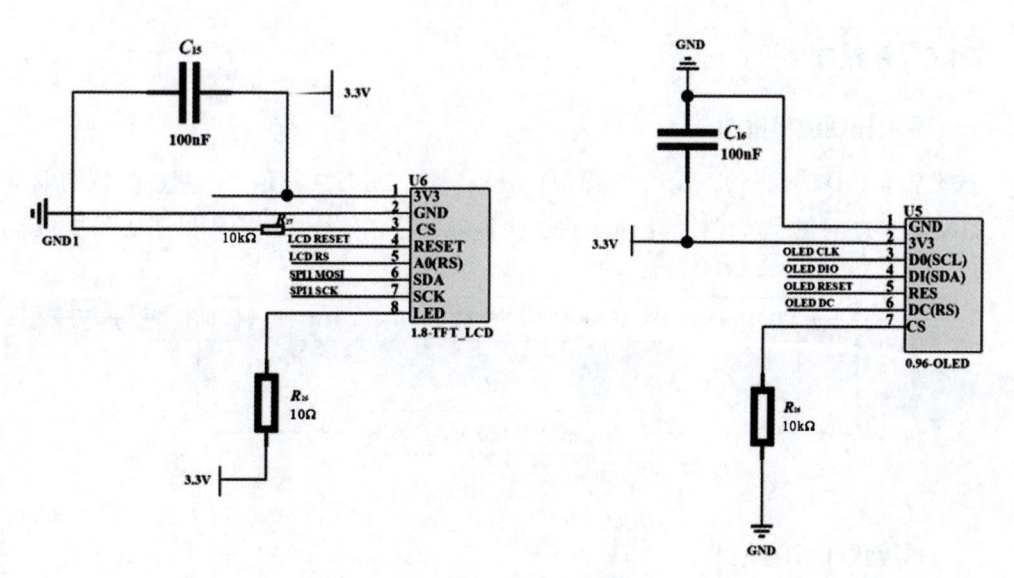

图 7.7 显示模块电路

三、关键电路驱动接口

单片机、驱动器、步进电动机与电动机的接线如图 7.8 所示。

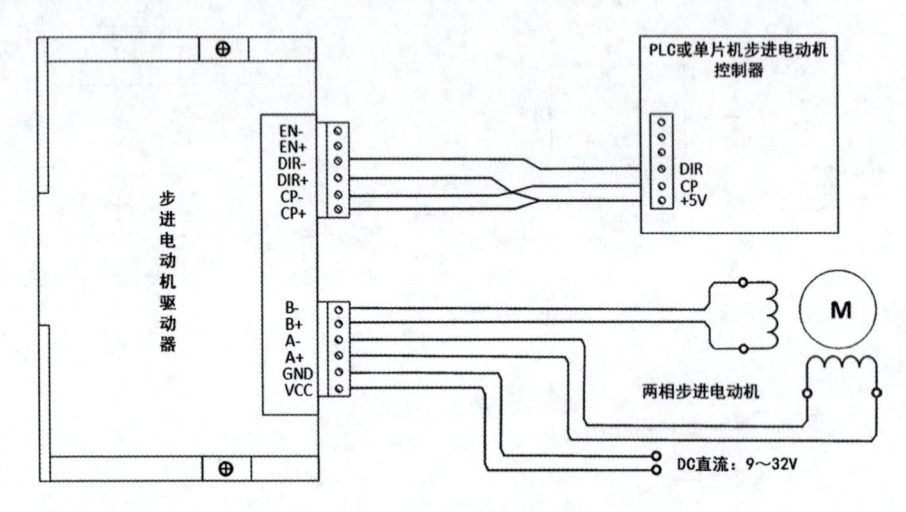

图 7.8 电动机接法

四、参数计算

以静态方式操作步进电动机,跟踪发送到电动机的步数,以便确定电动机是否运动。在高速使用微步进时产生和计数时电动机存在丢步问题。计算如下:典型的步进电动机具有 200 步的全速旋转,如果使用 32 个微步控制器,则转换为 6400 步。当以 300RPM 运行电动机时,每个电动机需要每秒 32000 步的输出。运行两个电动机将导致每秒近 13K 个逻辑更改,操作太过频繁,电动机的 PWM 波频率应根据实际情况调整。

7.1.5 系统软件设计分析

一、系统控制流程框图

系统基于 PID 的控制策略,通过摄像头采集图像,进行实际位置和目标位置的偏差反馈,STM32F407 对偏差进行补偿控制,进一步消除偏差。系统控制流程框图如图 7.9 所示。

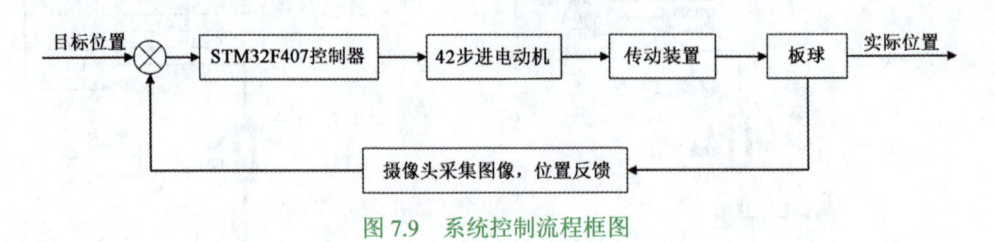

图 7.9 系统控制流程框图

二、系统软件工作流程

在主函数循环中不断进行按键检测,不同按键对应不同功能,摄像头信号采集处理通过帧中断实现，步进电动机控制通过定时中断实现，主函数流程图和各部分功能流程图如下。

（1）系统总体工作流程。系统总体工作流程如图 7.10 所示。

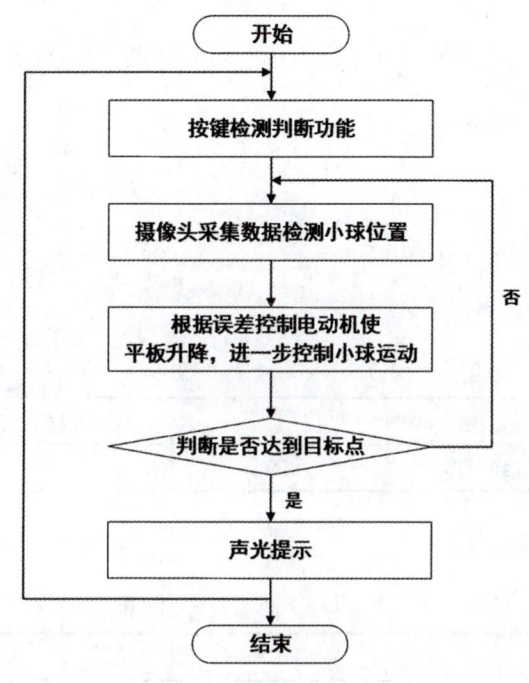

图 7.10　系统总体工作流程

（2）调参模块。调参模块如图 7.11 所示。
（3）摄像头信号采集处理模块。摄像头信号采集处理模块如图 7.12 所示。
（4）步进电动机控制模块。步进电动机控制模块如图 7.13 所示。

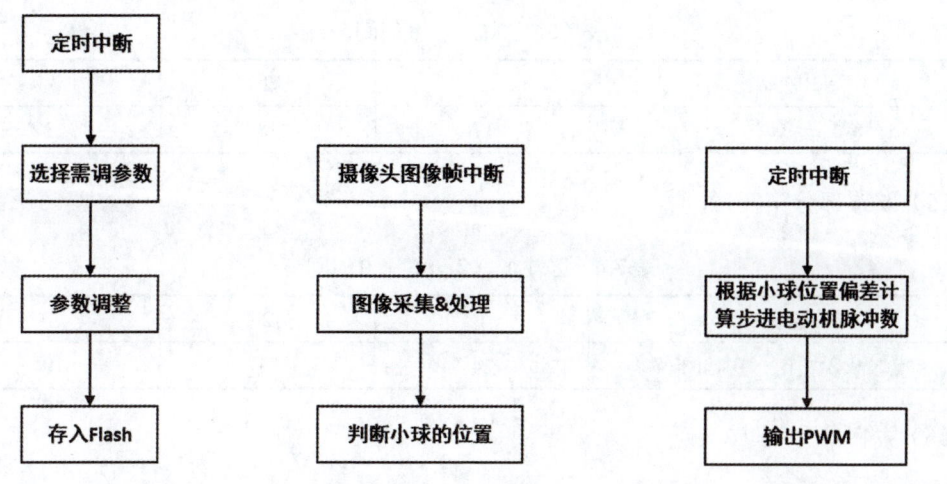

图 7.11　调参模块　　图 7.12　摄像头信号采集处理模块　　图 7.13　步进电动机控制模块

7.1.6　竞赛工作环境条件

Windows 操作系统，使用 Keil 5 编程软件。

单片机采用的是 ST 公司的 STM32F407 芯片，硬件配置为 TB6600 步进电动机驱动模块和 OV2640 摄像头传感器。

使用锯子、胶枪和电烙铁等工具进行小车的组装和硬件电路的焊接。

7.1.7　作品成效总结分析

一、系统测试性能指标

（1）小球坐标检测误差：0～0.5cm。

（2）基本部分第（2）项。

表 7.1　区域 1→5 时间

测试次数	1	2	3
区域 1→5 时间 /s	6.9	7.4	6.3

（3）基本部分第（3）项。

表 7.2　区域 1→4,4→5 时间

测试次数	1	2	3
区域 1→4 时间 /s	6	5	6
区域 4→5 时间 /s	6	6	7
总时间 /s	12	11	13

（4）基本部分第（4）项。

表 7.3　区域 1→9 时间

测试次数	1	2	3
区域 1→9 时间 /s	17	18	12

（5）发挥部分第（1）项。

表 7.4　区域 1→2→6→9 时间

测试次数	1	2	3
区域 1→2→6→9 时间 /s	24	21	19

（6）发挥部分第（3）项。

表 7.5　区域 4→环绕 5→区域 9 时间

测试次数	1	2	3
环绕区域 5 运动周数	3	3	3
区域 4→环绕 5→区域 9 时间 /s	51	43	47

二、成效得失对比分析

（1）小球位置显示存在误差，由于摄像头采集图像不准确，进行补偿可部分消除误差，但仍存在位置判断不精确的情况。

（2）小球运动到静态目标点时准确，做跟随运动时会有迟滞效应。

三、创新特色总结展望

（1）实现小球对激光笔轨迹跟踪的扩展功能。

（2）实现通过 LCD 触屏指示小球定位目标点。

（3）硬件结构搭建完善，采用两端悬挂的支撑结构，左右电动机同时运动，控制简洁。

（4）调参系统完善，可随时改变参数值，实时观测效果。

（5）自制可携带式遥控键盘，操控方便，克服了在固定于装置的单片机上进行按键操作的不便性，同时符合物联网将对象互联、统一操作的特性。

参考文献

[1] 黄智伟. 全国大学生电子设计竞赛训练教程 [M]. 北京：电子工业出版社，2010.

[2] 刘征宇. 电子电路设计与制作 [M]. 福州：福建科学技术出版社，2003.

[3] 胡琳静，赵世敏，孙政顺. 基于模糊控制的板球控制系统实验装置 [J]. 实验技术与管理，2005.

[4] 赵艳花，邵鸿翔. 基于视觉的板球控制系统研究 [J]. 工业控制与应用，2011，30（10）：12-15.

[5] 肖云博. 板球系统的定位控制和轨迹跟踪 [D]. 大连：大连理工大学，2010.

7.2　风力摆控制系统

基本信息

学校名称	东南大学		
参赛学生 1	陈垚鑫	E-mail	624517454@qq.com
参赛学生 2	吴小溪	E-mail	573402700@qq-com
参赛学生 3	辛均浩	E-mail	1534130135@qq.com

续表

指导教师 1	郑磊	E-mail	zhenglei0217@163.com
指导教师 2	堵国樑	E-mail	dugl@seu.edu.cn
获奖等级	江苏省一等奖		
指导教师简介	郑磊，男，硕士，东南大学助工，主要研究方向为模式识别与智能系统、电力电子技术。 堵国樑，男，教授，东南大学电工电子实验中心副主任，主要从事电子技术类课程的理论和实验教学，组织指导学生参加全国大学生电子设计竞赛，指导的学生曾多次获得全国和省级奖项，2013 年被江苏省大学生电子设计竞赛组委会评为优秀指导教师		

7.2.1 设计方案工作原理

一、预期实现目标定位

风力摆控制系统要求设计制作一个仅由轴流风机驱动的摆动系统。一根长为 60～70cm 的细管上端用万向节固定在支架上，下方悬挂一组 2～4 个直流风机，如图 7.14 所示。风力摆上安装一支向下的激光笔，静止时，激光笔的下端距地面不超过 20cm。驱动各风机使风力摆按照一定规律运动，激光笔在地面画出直线、圆等要求的轨迹。

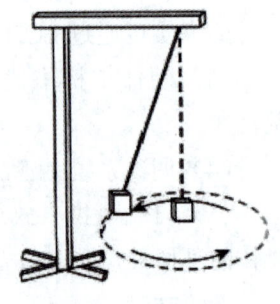

图 7.14　结构示意

二、技术方案分析比较

1. 处理器选择

方案 1：采用传统的 51 系列单片机。传统的 51 系列单片机为 8 位机，价格便宜，控制简单，但是运算速度慢，片内资源少。

方案 2：采用以 ARM Cortex-M4 为内核的 STM32F4 系列控制芯片，STM32 系列芯片的时钟频率高达 168 MHz，具有 512KB SRAM，具有极强的处理计算能力，较为适合需要快速反应的风力摆控制系统。

方案 3：FPGA，即现场可编程门阵列，它是在 PAL、GAL、CPLD 等可编程器件的基础上进一步发展的产物。它是作为专用集成电路（ASIC）领域中的一种半定制电路而出现的，具有速度快，精度高等优点，但其价格较高，学习周期比较长。

综合考虑，选择方案 2。

2. 姿态测量传感器

角度的测量是风力摆控制系统的关键，姿态角度的精度将直接影响控制精度。

方案 1：采用单轴陀螺仪和加速度计。采用两个陀螺仪的组合，进行两个不同方向角度的测量。它根据风力摆的运动方向来改变输出信号的电压值。通过 STM32 A/D 转换器读取输出信号，检测其运动和方向，解算姿态，控制电路简洁。但是采用两个传感器不可避免地存在组合陀螺仪与加速器轴间差的问题，易造成误差。同时，零基准电压的漂移和 STM32 自带 ADC 的测量精度有限，故放弃此方案。

方案 2：采用三维角度传感器 MPU-6050。MPU-6050 为整合性 6 轴运动处理组件，可准确追踪摆杆的快速与慢速动作，具有精度高、反应速度快等特点。以数字输出 6 轴或 9 轴的旋转矩阵、四元数、欧拉角格式的融合演算数据，移除加速器与陀螺仪轴间敏感度，降低设定给予的影响与感测器的飘移。数字运动处理引擎可减少复杂的融合演算数据、感测器同步化、姿势感应等的负荷，通过处理采集的姿态角数据来控制风机从而带动风力摆运动，测量精度满足本系统要求。

综合考虑，选择方案 2。

3. 风机选型

方案 1：大功率轴流风机。大功率轴流风机推力大，40W 风机的质量约为 300g，抗干扰能力强，但启动较慢，死区较大，调节滞后。

方案 2：直流无刷电动机。直流无刷电动机的推力非常大，调速快，质量轻，抗干扰能力很强，且与同型号电动机性能相近，动力的正交性好。

方案 3：小功率轴流风机。选用 20W 以内的轴流风机，质量较轻，抗干扰能力较弱，调节滞后，但启动比 40W 风机快，18W 风机约重 170g。

大功率轴流风机启动较慢，就着对题目"风力摆"的理解，我们认为这是一道考查摆动规律的题目，故使用小功率轴流风机即可。

4. 风机驱动选择

方案 1：LM298。LM298 外部电路较为简单，单片即可驱动正反转，具有使能端，方便控制；理论最大电流为 1.5 A，本次选用的电动机最大电流为 1.5 A。

方案 2：BTS7960 全桥驱动电路。智能功率芯片 BTS7960 是应用于电动机驱动的大电流半桥高集成芯片，理论最大电流为 40A，驱动能力强，使用一个双全桥驱动即可驱动 4 个风机单向转动，控制精度较高。

考虑到已有的 LM298 芯片的最大电流不能完全达到理论值，且本题对控速精度有一定要求，故采用方案 2。

7.2.2 系统结构与工作原理

1. 摆的模型

设有一转动惯量为 J 的系统，受到周期性策动力矩 $M\cos t$、阻尼力矩 $b\dot\theta$ 和弹性力矩 $-k\theta$ 的共同作用，其运动方程为

$$J\ddot\theta = -k\theta - b\dot\theta + M_0\cos\omega t$$

令 $W_0^2 = k/J$，$2\beta = b/J$，上式可化简为

$$\ddot\theta + 2\beta\dot\theta + W_0^2\theta = m\cos\omega t$$

其中，ω 为固有频率，m 为阻尼系数。

通解为 $\theta = \theta_1 e^{-\beta t}\cos(\omega_f t + \alpha) + \theta_2 \cos(\omega t + \varphi)$，其中 $\omega_f = \sqrt{\omega_0^2 - \beta}$。第 1 部分由初始条件决定，经一段时间之后会衰减到消失，达到稳定状态时有 $\theta = \theta_2 \cos(\omega t + \varphi)$，振幅为

$$\theta_2 = \frac{m}{\sqrt{(\omega_0^2 - \omega^2)^2 + 4\beta\omega^2}}$$

2. 风力摆系统模型的建立与分析

风力摆以顶端万向节为悬点，由 4 个轴流风机驱动完成直线圆等动作。

当进行往返直线运动时，符合摆的模型。此时为了维持规定状态，只需将所需的驱动力正交分解在风机的方向，用反向两风机的转速差提供一个方向的驱动力。由于选用的轴流风机的转速低、风力小，因此直线的起摆需采用能量积累的方式，根据当前的运动趋势提供该方向的冲量，其中 f 为风机提供的合推力。重复画圆起摆只需提供切向力，螺旋形离心即可。

3. 无驱动力的摆幅预测

本题摆的机械结构决定了非理想因素为万向节的阻力和空气阻力。当没有驱动力时，阻尼系数为图 7.15 所示拟合直线斜率的相反数，近似可以认为摆的周期一定，故后一次的振幅可以用前一次摆幅乘以一个系数来估计。将摆幅预测计入控制因素之一，可一定程度上改善驱动力。

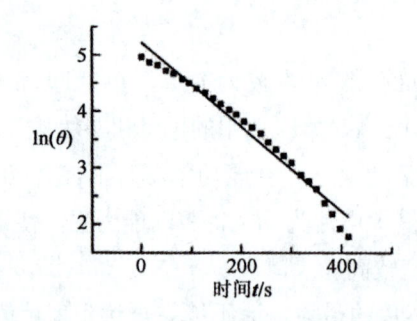

图 7.15　空气阻尼的拟合直线的反应速度

4. 驱动力效果滞后问题

驱动力的滞后性极高，当控制轴流风机的 PWM 最低为 10% 可以有效消除死区电压的影响后，电动机加速和减速仍具有非常大的滞后。以本次制作的系统为例，当控制其进行圆锥摆时，驱动力效果滞后已经接近 90°；当驱动进行直线摆制动时，有约 30% 振幅的驱动力效果滞后。因此，在后续的软件设计中，效果滞后作为参数设置中非常重要的影响因素之一。

7.2.3　功能指标实现方法

1. 基本部分实现方案

基本部分（1）采用开环控制，加入粗略调节，需要控制的是摆杆的角度和使激光

笔绘制的轨迹超过 50cm。因此，我们需要控制摆杆的倾角超过一个阈值 θ，这个阈值可以被直接计算出来，通过简单的开环调节，从低到高不断增加 x 轴方向轴流风机的转速，直到倾角超过阈值。

基础部分（2）采用 PD 算法。由于此系统是自由摆系统，机械能的损失很少，只需要一点点的风力来弥补损失的机械能就可以摆到稳定的长度，故采用 PD 控制，反馈量为当前长度，P 与 D 都较小，并且在大幅度超过的时候采用反向减速的方法，实践中该控制效果比较理想。

基础部分（3）使用半开环，把要求角度分解到两个风机上，只使用两个风机在上升时按比例推动，逐渐积累能量达到要求的线长，当角度或长度偏差超过设定阈值时，对这两个风机的比例和推力进行只带 P 项的微调，调整合适阈值，保证风机只在误差超过限度时进行调整，从而减少调整造成的椭球形晃动。

基础部分（4）制动停止对于小风力、调节十分滞后的风机的调整较为困难。因此，采用了一种基于经验系数的算法。如图 7.16 所示，以单方向的制动为例，若能始终给摆与速度相反的驱动力，则摆将会在最短的时间内停下。考虑到本系统中实际的驱动力滞后于控制输出，故当摆在最高点，控制的输出量换向时，实际驱动力仍未换向，相当于是在风机变速的过程中，由于正向的推力和重力的作用，摆的速度将被加到更大。因此，考虑采用的控制输出量应超前换向，保证下降时没有正向的风机推力，上升过程若出现超前换向，则对系统加速的影响较小。超前换向点设置为上一最高点的摆幅乘以系数 k，k 在大摆幅和小摆幅情况下分别用经验参数定义。电动机在两个正交方向上的控制相互独立，避开了角度的分解，且能保证两个方向都以最快的速度停下，大大降低了代码调试的工作量。

2. 提高部分实现方案

提高部分的两题采用同一算法。风力摆做圆周运动，这对控制算法的要求比较高。

首先是起摆算法，需不断增大风力摆的摆杆与重力方向的夹角，同时不断增大切线方向的速度。这需要 4 台轴流风机配合，形成合力，如图 7.17 所示。

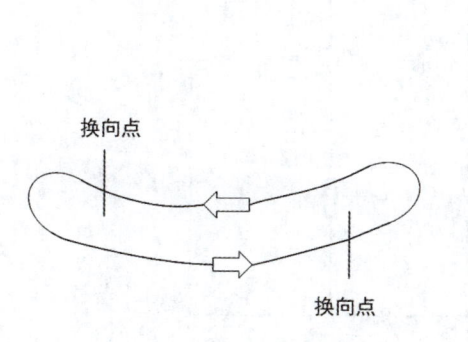

图 7.16 制动停止算法示意

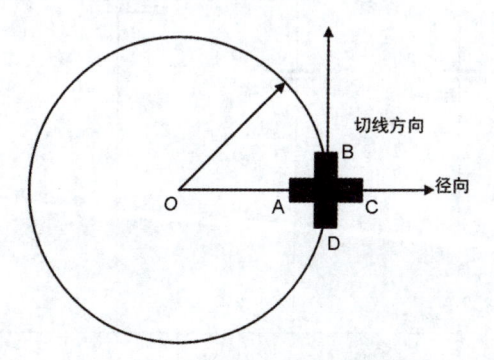

图 7.17 圆形起摆和调整

当前运动半径小于实际设定半径时，A、D 轴流风机产生合力使风力摆的摆杆与重力方向的夹角增大，同理，C、D 轴流风机产生合力使风力摆的摆杆的切向速度增大，根据当前姿态角，进行实时调节。当运动半径与设定半径一致时，由于摆杆为刚体，同时摆杆顶部为万向节，因此，只要我们调节好控制 A 和 C 轴流风机的 PID 参数使摆杆稳定到设定的角度，然后通过 B 和 D 轴推动摆杆，摆杆就会沿切线方向运动，绘制出圆形轨迹。

在实际实现过程中，发现由于电动机反应的滞后性，导致并不能进行实时调节。经过多次实验发现，电动机滞后时间大约等于圆锥摆转动周期的 1/4，只需 A、D 轴流风机产生的合力使切线方向的速度增加，就可以有效解决电动机的滞后效应。

7.2.4 核心部件电路设计

一、关键器件性能分析

主控板：STM32F407VG，主频 168 MHz，足够用于数据的处理及 PID 算法的实现。

角度传感器：串口 MPU-6050，数据帧率为 100 Hz，对于速度并不是很快的风力摆来说足够用来测量三维角度。

风机：1.5A 小功率电动机，只能维持吹起角度 5° 左右，但是足以利用摆动惯性驱动风力摆来回摆动

电源：17 A 12V 开关电源直接供电，对于系统的功率来说足够。单片机用 LM2940-5 和 AMS1117-3.3 线性稳压芯片供电，能保证单片机不会发生因风机变速时电流突然增大和开关电源的纹波太大而导致电压不稳而复位的情况。

驱动：BTS7960 可以提供 49A 的电流，对于 1.5A 的风机来说足够。

二、电路结构工作机理、关键电路驱动接口

由开关电源分别给 BTS7960 驱动及 LM2940-5 供电，LM2940-5 将 12V 转换为 5V 后，再通过 AMS1117-3.3 将电压转换为 3.3V 给 STM32 单片机供电，电路如图 7.18 和图 7.19 所示。

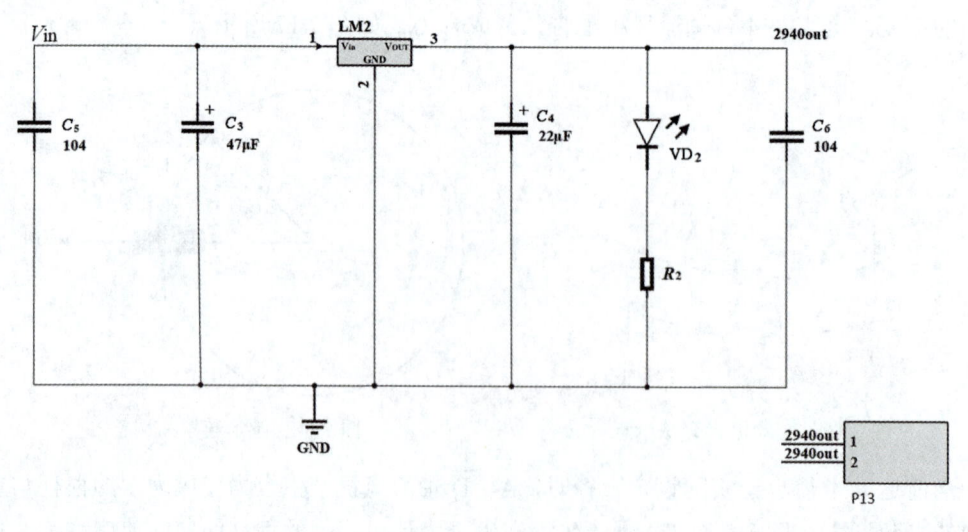

图 7.18　18V 到 5V 电路

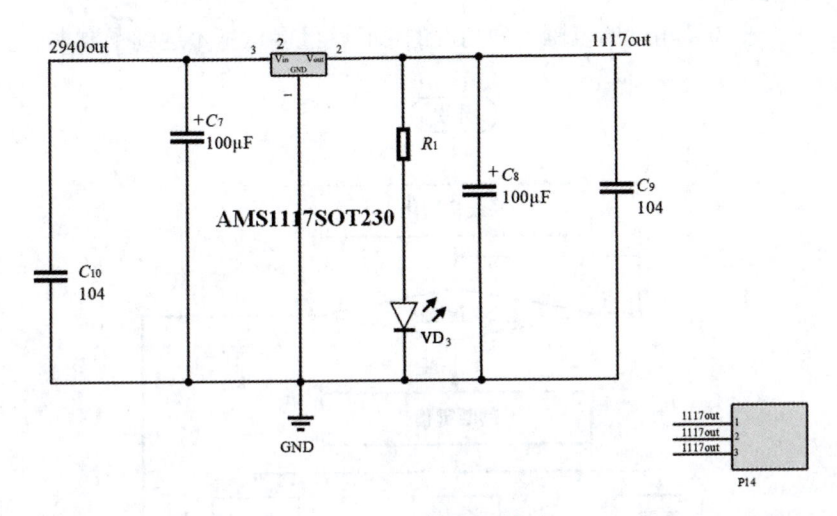

图 7.19 5V 到 3.3V 电路

4 片 BTS7960 直接构成 4 个半桥电路，分别给 4 个风机供电。其驱动电路如图 7.20 所示。

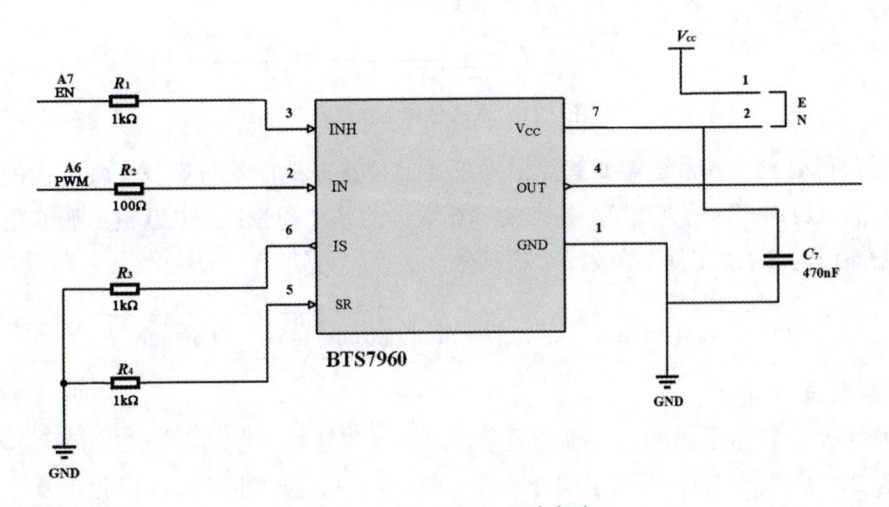

图 7.20 BTS7960 驱动电路

7.2.5 系统软件设计分析

一、系统总体工作流程

系统总体工作流程如图 7.21 所示。

二、主要模块程序设计

1．MPU-6050 数据的转换

本次使用的陀螺仪只能输出计算后的欧拉角，不能输出四元数，而欧拉角到四元数的转换涉及大量的三角函数和矩阵运算，占用资源较多，故采用欧拉角直接计算出摆杆

的转角和摆角，在需要角度的范围内做角度的修正，经测试基本达到了要求精度。

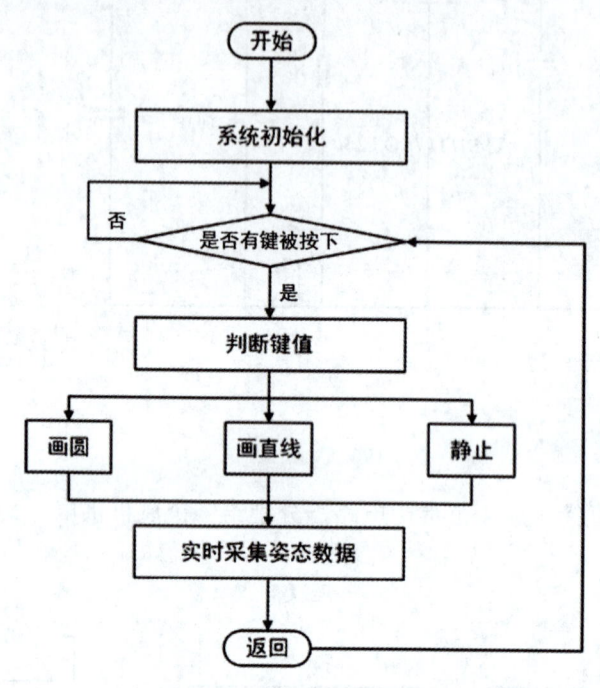

图 7.21　系统总体工作流程

按照题目要求，本系统需要解算出摆杆当前位置在地面的投影与 x 轴方向的夹角 α 及摆杆与竖直方向 z 轴的夹角 β，姿态的解算数据的基础为 MPU-6050 输出俯仰角和横滚角，记俯仰角为 a，现记横滚角为 b，根据数学关系，可知：

$$\alpha = \arctan\left(\frac{\tan a}{\tan b}\right), \beta = \arctan(\sqrt{\tan^2 \tan^2 a + \tan^2 \tan^2 b})$$

2. 画直线

当前为状态 1，检测摆杆与 z 轴的夹角，记录一个最大夹角，当当前角小于最大角时，进入状态 2，夹角渐归 0。当过了圆心，摆到另一端时，状态回到 1，以此重复，来记录摆杆是否摆到最高点，并在最高点处换向。

3. 画圆

先单方向来回摆做启动，然后开始调节，当此时的位置小于半径长度，并加上对原先的方向预测，加大切向速度，也就是加大切向的风力。考虑到滞后性，需要对加大的风力方向做调整。

三、关键模块程序清单

1. 对串口陀螺仪传递来的数据进行处理

```
while(1)
{
  if(sign)
```

```
        {
            sign=0;
            If(Re_buf[0]==0x55)              // 检查帧头
            {
                switch(Re_buf[1])
                {
                    case 0x51;
                        a[0]=(short(Re_buf[3]<<8I Re_buf[2]))/32768.0*16;
                        a[1]=(short(Re buf[5]<<8IRe buf[4]))/32768.0*16;
                        a[2]=(short(Re buf[7]<<8IRe buf[6]))/32768.0*16;
                        T=(short(Re buf[9]<<8IRe buf[8]))/340.0+36.25;
                        break;
                    case 0x52:
                        w[0]=(short(Re buf[3]<<8IRe buf[2]))/32768.0*2000;
                        w[1]=(short(Re buf[5]<<8IRe buf[4]))/32768.0*2000;
                        w[2]=(short(Re buf[7]<<8IRe buf[6]))/32768.0*2000;
                        T=(short(Re buf[9]<<8IRe buf[8]))/340.0+36.25;
                        break;
                    case 0x53:
                        angle[0]=(short(Re_buf[3]<<8IRe_buf[2]))/32768.0*180;
                        angle[1]=(short(Re_buf[5]<<8IRe_buf[4]))/32768.0*180;
                        angle[2]=(short(Re_buf[7]<<8IRe_buf[6]))/32768.0*180;
                        T=(short(Re_buf[9]<<8IRe_buf[8]))/340.0+36.25;
                        break;
                }
            }
        }
    }
}
```

2. 把传递来的横滚角和俯仰角转换成关于 z 轴的夹角和 x 轴的夹角

```
void getangle()
{
    angle[0]=((short)(Re_buf[3]<<8IRe_buf[2]))/32768.0*180-angervref[0];
    angle[1]=((short)(Re_buf[5]<<8IRe_buf[4]))/32768.0*180-angervref[1];
    if(angle[1]>0.05llangle[1]<-0.05)
    {
        angle[2]=atan(tan(angle[0]3.14159/180)/tan(angle[1]*3.14159/180))/3.14159*180;   // 关于 x 轴的夹角
        if(angle[1]<0)angle[2]+=180;
        else if(angle[1]>0&&angle[0]<0)angle[2]+=360;
    }
    angle[3]=atan(sqrt(tan(angle[O]*3.14159/180)*tan(angle[0]*3.14159/180)+
    tan(angle[1]*3.14159/180)*tan(angle[1]*3.14159/180)))/3.14159*180;    // 关于 z 轴的夹角
    radius=height*tan(angle[3]*3.14159/180)*1.071;   // 偏离圆心的长度
}
```

7.2.6 竞赛工作环境条件

（1）设计分析软件环境：Keil5 MDK。

（2）仪器设备硬件平台：STM32 最小系统板。

（3）配套加工安装条件：两边支起金属挂杆的板凳，金属杆焊接处为与万向节相连的连轴处，风力摆的摆杆，撑起 4 个风机的木片。

（4）前期设计使用模块：LM298 电动机驱动模块。

7.2.7 作品成效总结分析

一、系统测试性能指标

（1）从静止开始，15s 内在地面画出一条长度不短于 50cm 的直线段。

表 7.6 基本部分（1）测试

测试次数	线是否超过 50cm	启动时间 /s	线性度偏差是否不大于 ±2.5cm	是否可重复
1	是	3.2	是	是
2	是	3.5	是	是
3	是	3.1	是	是

（2）从静止开始，15s 内完成幅度可控的摆动，画出长度 30～60cm、长度偏差不大于 ±2.5cm 的直线段。

表 7.7 基本部分（2）测试

测试次数	线段设定长度 /cm	启动时间 /s	长度偏差是否不大于 ±2.5cm	是否可重复
1	30	3.6	是	是
2	30	3.5	是	是
3	45	4.4	是	是
4	45	4.5	是	是
5	60	4.8	是	是
6	60	4.7	是	是

（3）可设定摆动方向，风力摆从静止开始，15s 内按照设置的方向摆动，画出不短于 20cm 的直线段。

表 7.8 基本部分（3）测试

测试次数	线段设定方向 /°	启动时间 /s	长度是否大于 20cm	是否可重复
1	0	4.2	是	是
2	30	5.3	是	是
3	60	5.0	是	是
4	110	5.6	是	是
5	160	5.9	是	是

（4）将风力摆拉起一定角度（30°～45°）然后放开，5s 内使风力摆制动达到静止状态。

表7.9　基本部分（4）测试

测试次数	拉起角度 /°	拉动方向 /°	是否在 5s 内达到静止状态	制动时长 /s
1	30	0	是	4.3
2	30	45	是	3.9
3	35	30	是	4.3
4	45	50	是	4.6
5	45	60	是	4.8

（5）驱动风力摆用激光笔在地面画圆，30s 内需重复 3 次；圆半径可在 15～35cm 范围内设置。

表7.10　发挥部分（1）测试

测试次数	设定圆的半径 /cm	半径误差 /cm	是否在 30s 内重复 3 次	完成时长 /s
1	15	±1	是	8.2
2	25	±1	是	9.5
3	35	±1	是	12

（6）在发挥部分（1）后继续做圆周运动，在距离风力摆 1～2m 内用一台 50～60W 的台扇在水平方向吹向风力摆，台扇吹 5s 后停止，风力摆能够在 5s 内恢复。

表7.11　发挥部分（2）测试

测试次数	设定圆的半径 /cm	半径误差 /cm	干扰风速 / (m·s^{-1})	恢复时长 /s
1	15	±1	1	0
2	25	±1	1	0
3	35	±1	1	0
4	15	±1	4	4.2
5	25	±1	4	3.8
6	35	±1	4	3.2
7	25	±1	人为干扰为近直线	6.8

二、成效得失对比分析

系统能够实现实时采样获得摆杆角度的实时数据，利用简单的摆动原理，实现在最高点换向加速，不需要很大的风力却能在很短的时间内起摆的过程；并且抗干扰能力强，能够迅速调节。系统的不足之处是由于风机的风力不足导致基本部分（4）的 5s 悬停并不能很好地做到；并且由于风机的启动加速慢而造成的控制滞后性太大，故给编写程序带来很多需要考虑的地方。

三、创新特色总结展望

在发挥部分画圆的地方，实现了抗干扰非常强的功能，起摆稳定画圆后，无论对风力摆实行怎样的干扰，它总是能够迅速恢复到画圆的状态，并且如果对风力摆施加干扰的方向不同，那么它画圆的方向也就不同，可以绕另一个方向转动。

7.3 多旋翼自主飞行器

7.3.1 任务要求和评分标准

一、任务要求和评分标准

设计并制作一架带航拍功能的多旋翼自主飞行器。飞行区域俯视图和立体图分别如图 7.22 和图 7.23 所示。

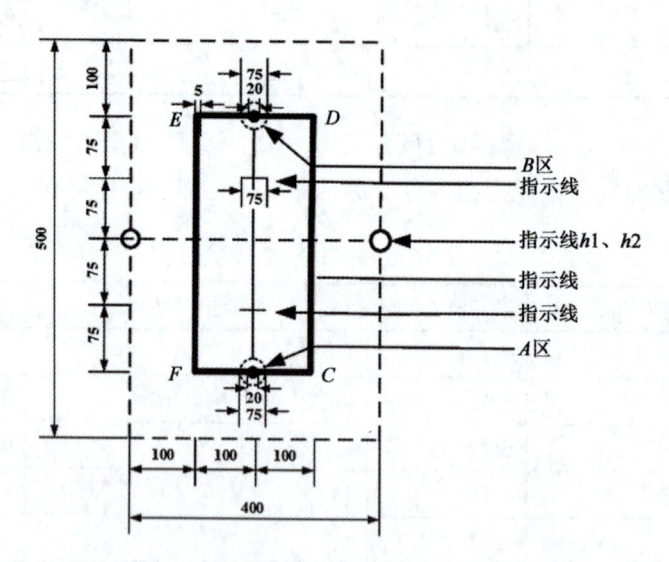

图 7.22 飞行区域俯视图（图中长度单位：cm）

二、要求

1. 基本部分

（1）多旋翼自主飞行器（以下简称飞行器）摆放在图 7.22 所示的 A 区，开启航拍，一键式启动，飞行器起飞；飞向 B 区，在 B 区中心降落并停机；航拍数据记录于飞行器自带的存储卡中，飞行结束后可通过 PC 回放。飞行高度不低于 30 cm；飞行时间不大于 30s。

（2）飞行器摆放在图 7.22 所示的 A 区，一键式启动，飞行器起飞；沿矩形 CDEF 逆时针飞行一圈，在 A 区中心降落并停机；飞行高度不低于 30cm；飞行时间不大于 45s。

（3）制作一个简易电子示高装置，产生示高线 h1、h2（如激光等），h1、h2 位于同一垂直平面，飞行器触碰 h1、h2 时该装置可产生声光报警。示高线 h1、h2 的高度在测试现场可以调整，调整范围为 30～120cm。

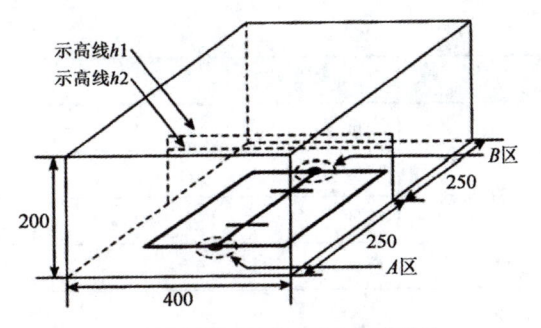

图 7.23　飞行区域立体图（图中长度单位：cm）

2. 发挥部分

（1）飞行器摆放在 A 区，飞行器下面摆放一小铁板 M1，一键式启动，飞行器拾取小铁板 M1，并起飞。飞行器携带小铁板 M1，从示高线 h1、h2 间飞向 B 区，并在空中将小铁板 M1 投放到 B 区中心；飞行器从示高线 h1、h2 间飞回 A 区，在 A 区中心降落并停机。飞行时间不大于 30s。小铁板 M1 形状不限，20g、100g、200g 三档质量自选，质量大的得分高。h1、h2 高度差小的得分高。

（2）飞行器摆放在 A 区，小铁板 M2 摆放在 B 区任意位置，一键式启动，飞行器飞到 B 区寻找并拾取小铁板 M2，携带小铁板 M2 飞回 A 区，在 A 区中心降落并停机。飞行高度不低于 30cm；飞行时间不大于 30s。小铁板 M2 为边长为 5cm 的正方形，质量不限。

（3）其他。

三、评分标准

	项目	主要内容	满分
设计报告	系统方案	方案比较，方案描述	3
	设计与论证	控制方法描述与参数计算	5
	电路与程序设计	系统组成，原理框图与各部分电路图，系统软件与流程图	6
	测试方案与测试结果	测试方案及测试条件 测试结果完整性 测试结果分析	3
	设计报告结构及规范性	摘要 正文结构完整性 图标的规范性	3
	合计		20
基本部分	完成第（1）项		20
	完成第（2）项		25
	完成第（3）项		5
	合计		50

续表

项目		主要内容	满分
发挥部分	完成第（1）项		35
	完成第（2）项		10
	其他		5
	合计		50
总分			120

四、说明

（1）飞行器桨叶旋转速度高，有危险！请务必注意自己及他人的人身安全。

（2）飞行器的飞行控制板可自行选择，数据处理及导航板必须使用组委会统一下发的2015年全国大学生电子设计竞赛RL78/G13开发套件中RL78/G13MCU板（芯片型号为R5F100LEA）。

（3）飞行器可自制或外购，带防撞圈，外形尺寸（含防撞圈）限定为：长度≤50cm，宽度≤50cm。飞行器机身必须标注参赛队号。

（4）多旋翼指旋翼数量不少于两个。

（5）飞行区域地面为白色；A区、B区形状大小相同，由直径为20cm黑色实心圆和直径为75cm的同心圆组成，同心圆虚线线宽小于0.1cm；引导线宽度为5cm，可用黑色胶带；场地四周设30cm等高线；飞行区域不得额外设置任何标识、引导线或其他装置。

（6）简易电子示高装置不得与飞行器间有任何形式的通信。

（7）每项允许测试两次，每次测试全程不得更换电池。两次测试之间允许更换电池，更换电池时间不超过2min。

（8）飞行器不得遥控，飞行过程中不得人为干预。

（9）飞行器降落和小铁板M1投放于A区和B区以外，酌情扣分。

（10）飞行器飞行期间，触及地面后自行恢复飞行的，酌情扣分；触地后5s内不能自行恢复飞行视为失败，失败前完成的动作仍计分。

（11）飞行器起飞，距地面高度30cm以上视为飞离地面。

（12）参赛队自备发挥部分所需小铁板M1、M2，小铁板M1质量不得低于规定质量的95%，M2上不得附加任何其他装置，颜色不限。

（13）一键式启动是指飞行器摆放在A区后，只允许按位于飞行器上的一个键启动。如有飞行模式设置，则应在飞行器摆放在A区前完成，不得使用可编程设备进行设置。

（14）为保证安全，可沿飞行区域四周架设安全网（长为500cm，宽为400cm，高为200cm），顶部无须架设。若安全网采用排球网、羽毛球网，则可自顶向下悬挂不必触地，不得影响视线。飞行区域安全网安装示意如图7.24所示。

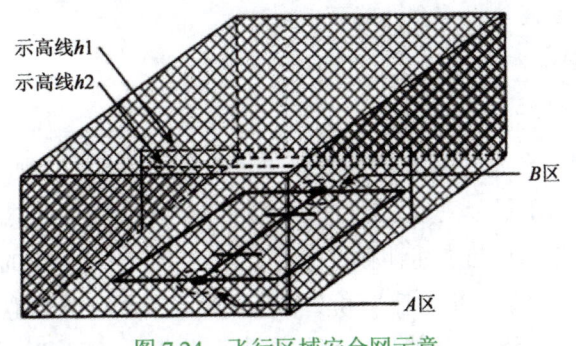

图 7.24　飞行区域安全网示意

五、基本信息

学校名称	东南大学		
参赛学生 1	朱诚诚	E-mail	2498466440@qq.com
参赛学生 2	方龙宇	E-mail	1361807932@qq.com
参赛学生 3	王沁	E-mail	273301605@qq.com
指导教师 1	郑姚生	E-mail	zys@seu.edu.cn
指导教师 2	赵宁	E-mail	njzhao88@163.com
获奖等级	全国一等奖（瑞萨最佳应用奖）		
指导教师简介	郑姚生，东南大学电子科学与工程学院显示中心工程师，长期从事科研工作，参加并完成国家"八五""九五""十五""十一五""863""973"等重大专项课题研究中的系统电路设计工作；在国内外学术会议及核心期刊上发表学术论文 30 余篇，其中被 SCI、EI 收录 17 篇；申请并已授权发明专利 48 项，其中第一发明人发明专利授权 17 项，实用新型专利 32 项；1987 年获江苏省科技成果二等奖；1997 年获国家教委科技发明二等奖；2006 年获江苏省科技进步一等奖；2011 年以来指导大学生参加电子竞赛，获得全国大学生电子设计竞赛一等奖、江苏省一等奖、二等奖多项；2013 年获得江苏赛区优秀辅导老师称号。 赵宁，男，工程师，从事电子技术、真空科学与技术的教学与科研工作，参与多项国家、省级科研项目的研究工作，主持科技开发项目并获得省级技术鉴定；发表数篇科技论文，获得多项国家发明专利的授权		

7.3.2　设计方案工作原理

本四旋翼系统主要由电源模块、姿态传感器模块、循迹航拍模块、超声波测高模块、拾物模块构成。下面分别论证这几个模块的方案选择。

一、电源模块的论证与选择

方案 1：采用线性元器件 LM7805 三端稳压器构成稳压电路，为单片机等其他模块供电，输出纹波小，但效率低，容易发热。

方案 2：采用元器件 LM2596 开关稳压芯片，效率高，不容易发热，但输出的纹波较大。

方案 3：采用线性元器件 LM2940 构成稳压电路，为单片机等其他模块供电，输出纹波小，效率高，不容易发热，综合性能高。

综上，选择方案3。

二、姿态传感器模块的论证

设计中选用加速度和角速度两种传感器来进行姿态测量，用加速度的测量数据来互补角速度传感器测量的不足；采用6轴运动处理组件MPU-6050，其具有以下优点：

（1）免除了组合陀螺仪与加速计存在的轴差问题，减少了大量的装配空间。

（2）MPU-6050整合了3轴角速度和2轴加速度传感器，并含有可用第2个IIC端口连接其他型号的磁力传感器或其他传感器的数字运动处理（DMP）硬件加速引擎，由主IIC接口以单一数据流的形式提供输出完整的9轴融合演算技术。MPU-6050被广泛应用于运动感测游戏、光学稳像、行人导航器等设计研究中，器件特征如下：

1）内部3轴角速度传感器具有±250、±500、±1000与±2000（°/s）全格测量范围；3轴加速度量程可程序控制，控制范围为±2g、±4g、±8g和±16g。

2）具备较低功耗：芯片供电电压为（2.5±5%）V、（3.0±5%）V、（3.3±5%）V；陀螺仪工作电流为5mA，待机电流仅5μA；加速计工作电流为500μA，在10Hz低功耗模式下仅40μA。

3）陀螺仪和加速计都具备16位ADC同步采样；另外陀螺仪具备增强偏置和温度稳定的功能，减少了用户校正操作，且具备改进的低频噪声性能；加速计则具备可编程中断和自由降落中断的功能。

4）接口采用可高达400kHz的快速模式IIC，内建频率发生器，在所有温度范围仅有1%的频率变化。

5）具备较小的4mm×4mm的QFN封装。

三、循迹航拍模块的论证与选择

方案1：采用CCD摄像头采集图片经过算法处理循迹，前瞻性比较好，循迹效果好，但是处理程序复杂，成本高。

方案2：采用红外对管，有效距离太短，不能满足实际循迹要求。

方案3：使用OV7620摄像头采集图片数据，二值化处理后，进行循迹计算。这种方法的抗干扰性较强，较为精确。

综上，选择方案3。

四、超声波测高模块的论证与选择

方案1：采用E18-D5ONK光电传感器，这是一种集发射与接收于一体的光电传感器。检测距离范围可以根据要求进行调节，但该传感器易受干扰。

方案2：使用HC-05超声波模块测量高度，串口通信、简单易用，可以实现较远距离的测量。

综上，选择方案2。

五、拾物模块的论证与选择

方案 1：飞机上加装拾物装置，如机械手等，但该种方式十分烦琐，且效率低下。

方案 2：采用继电器控制电磁铁开断实现对磁铁的吸放，结构简单，质量轻，体积小，适合装载在飞行器上。

综上，选择方案 2。

六、位置式 PID 控制算法

PID 控制算法是本飞行器的最主要算法，用来控制飞行器的定高飞行和循迹飞行。

PID 是由比例（P）、积分（I）、微分（D）3 个部分组成的，在实际应用中经常只使用其中的一项或两项，如 P、PI、PD、PID 等，就可以达到控制要求，至于 P、I、D 的数值要在现场通过多次调试确定。图 7.25 所示为 PID 控制整体原理，描述了一般的 PID 算法流程。

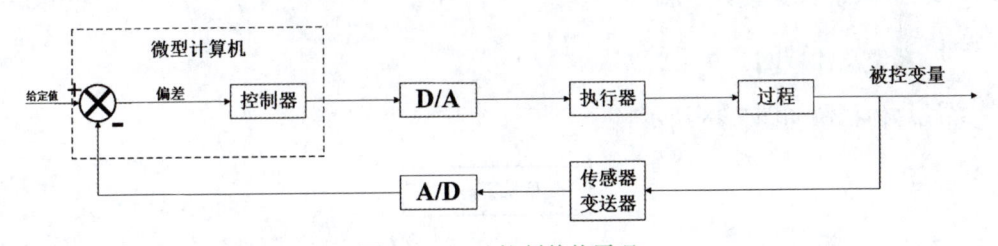

图 7.25　PID 控制整体原理

7.3.3　核心部件电路设计

电源模块电路如图 7.26 所示，12V，2200mAh 电池供电，经电路降压后，为四旋翼电动机及各模块供电。

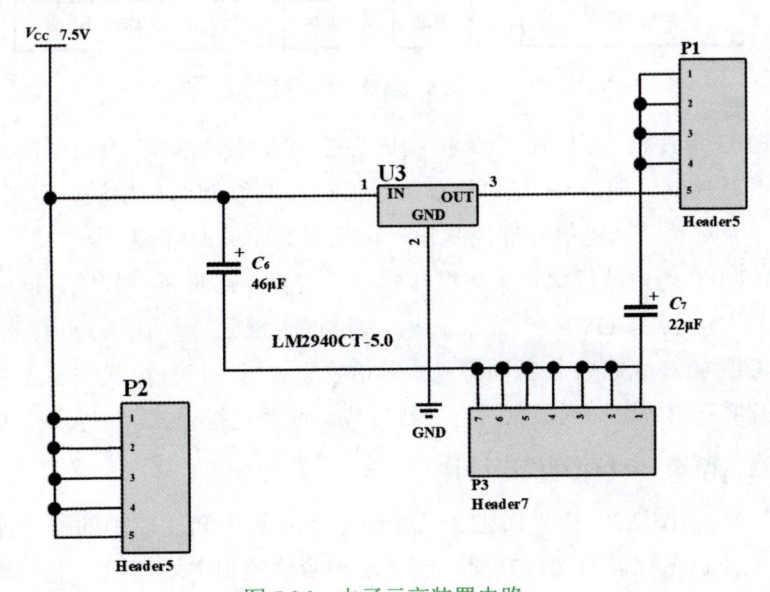

图 7.26　电子示高装置电路

电子示高装置使用一对激光收发管来实现声光报警。发射管上电即可产生激光，激光接收电路如图 7.27 所示，当没有接收到激光信号时，蜂鸣器发声，LED 被点亮。

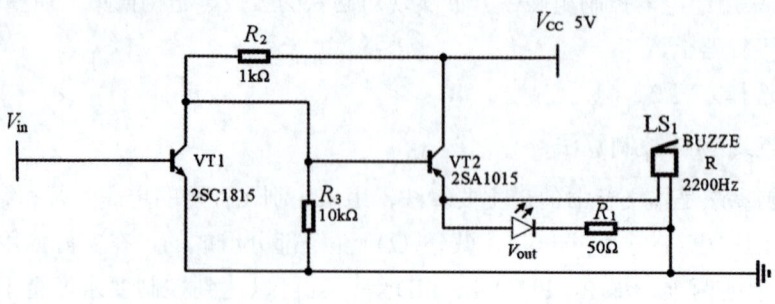

图 7.27　激光接收电路

7.3.4　系统软件设计分析

一、系统总体框图

系统总体框图如图 7.28 所示。

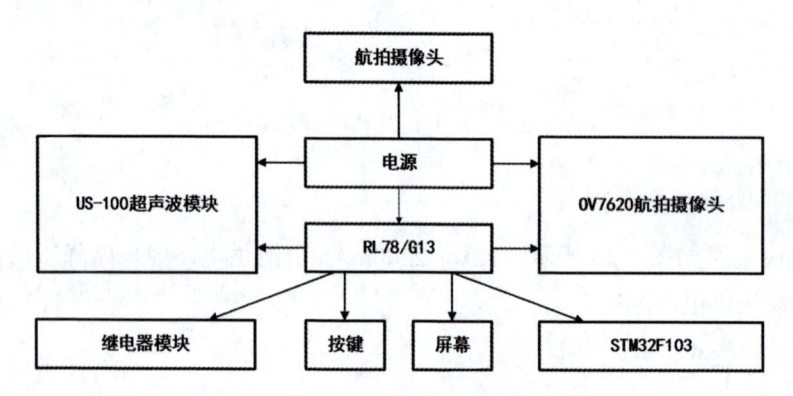

图 7.28　系统总体框图

STM32F103 单片机作为飞控板，接收核心控制板 RL78/G13 的控制信号，对飞行器的飞行姿态进行控制。瑞萨 RL78/G13 作为核心板控制循迹航拍模块、超声波测高模块、拾物模块，以及屏幕、按键等外部控制输入。航拍摄像头为带 SD 卡存储、AV 输出的专用摄像头。US-100 超声波模块自带温度传感器，对测距结果进行检验，同时具有串口通信方式，工作稳定可靠。OV7620 航拍模块，可设置图像窗口大小为 200 像素 ×100 像素，计算速度为每秒 10～15 帧，图像清晰稳定。拾物模块用于控制电磁铁的开关，实现取物、放物。按键及屏幕模块可输入数据进行参数设置，选择飞行模式等，实现一键式起飞。

二、定高、循迹 PID 控制程序设计

图 7.29（a）和图 7.29（b）描述了飞行器主要的两个 PID 控制的程序流程，这两个程序分别用于控制飞行器的飞行方向和高度，在参数控制中均使用了类似算法，是飞行器的核心程序。

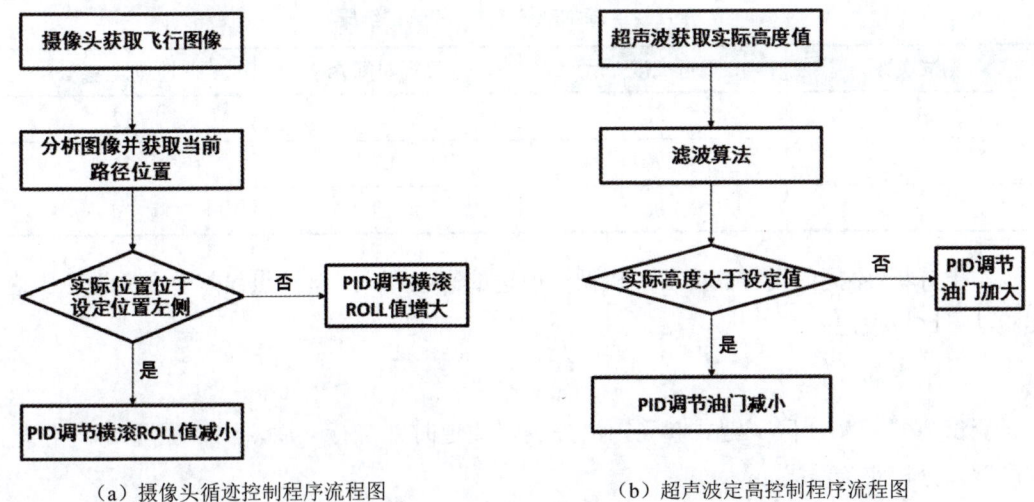

```
摄像头获取飞行图像              超声波获取实际高度值
        ↓                              ↓
 分析图像并获取当前              滤波算法
   路径位置                            ↓
        ↓                     实际高度大于设定值 ──否──→ PID调节
实际位置位于 ──否──→ PID调节横滚              │                油门加大
设定位置左侧         ROLL值增大              是
        │是                              ↓
        ↓                        PID调节油门减小
PID调节横滚ROLL值减小
```

(a) 摄像头循迹控制程序流程图　　　　(b) 超声波定高控制程序流程图

图 7.29　定高、循迹 PID 控制程序流程图

三、拾物控制程序设计

图 7.30 所示是发挥部分第（2）项拾取小铁板的程序流程图，用较简单的方法进行识别和取物，效果比较理想。

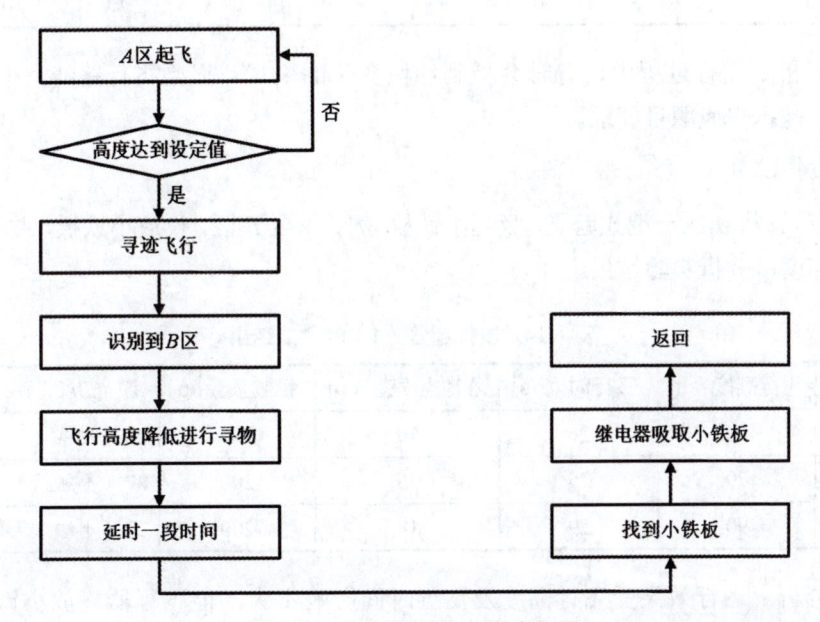

```
   A区起飞 ←──────┐
      ↓           │
  高度达到设定值 ──否
      ↓是
   寻迹飞行
      ↓
   识别到B区             返回
      ↓                  ↑
 飞行高度降低进行寻物   继电器吸取小铁板
      ↓                  ↑
  延时一段时间 ────→  找到小铁板
```

图 7.30　飞行器拾物程序流程图

7.3.5　作品成效总结分析

一、基本部分（1）

测试方式：从 A 区一键式起飞，飞至 B 区降落，尝试不同高度，分析实验结果。

表 7.12　基本部分（1）的测试结果

测试次数	飞行高度 /cm	飞行时间 /s	落地点误差 /cm
1	60	20	12
2	70	16	15
3	80	22	5

结果分析：不同的飞行高度对飞机循迹前进的影响不大，落地点误差也在允许范围内，实验结果比较理想。

二、基本部分（2）

测试方式：从 A 区一键式起飞，沿外围黑线逆时针绕行一周，至 A 区降落，尝试不同高度，分析实验结果。

表 7.13　基本部分（2）的测试结果

测试次数	飞行高度 /cm	飞行时间 /s	落地点误差 /cm
1	60	40	30
2	65	46	45
3	70	44	30

结果分析：飞行过程中，有时会受到环境变化的干扰，误判飞行路线，但能按程序循迹飞行，基本完成题目要求。

三、发挥部分（1）

测试方式：从 A 区一键式起飞，吸起小铁板 $M1$，飞至 B 区，投放小铁板，并返回 A 区，尝试不同高度，分析实验结果。

表 7.14　发挥部分（1）的测试结果

测试次数	飞行高度 /cm	飞行时间 /s	落地点误差 /cm	拾物质量 /g	激光 $h1$、$h2$ 间距 /cm
1	60	26	10	200	20（触线）
2	70	25	15	200	27（不触线）
3	90	29	18	200	27（不触线）

结果分析：飞行效果受飞行高度及飞行时间影响不大，但飞行器投放小铁板后的状态会有一定变化，导致回来的状态有一定波动，但总体效果还是比较理想。另外，由于机身本身高度的限制（机身高 20cm），$h1$、$h2$ 的间距有一下限，实验所测该下限为 27cm 时，飞机能正常通过。

四、发挥部分（2）

测试方式：从 A 区一键式起飞，飞至 B 区，寻找小铁板 $M2$，并返回 A 区，尝试不同高度，分析实验结果。

表 7.15 发挥部分（2）测试结果

测试次数	飞行高度 /cm	飞行时间 /s	落地点误差 /cm	是否捡到小铁板
1	60	28	10	是
2	70	22	5	否
3	80	27	15	是

结果分析：由于使用的电磁铁的吸力较小，且体积很小（直径为 2cm 的圆），所以只有当电磁铁落在小铁板正中心的时候才能吸起小铁板，所以有时即使找到小铁板，也可能不能拾取。但总体而言，基本能达到题目要求。

五、创新特色总结展望

本系统完成了题目中基本部分的要求，并完成了发挥部分的要求，此外，还增加了自制激光、蜂鸣器等模块。整个系统的构建来源于软硬件的合理架构，最大的亮点是最大程度利用了瑞萨单片机的资源，使四旋翼的结构轻巧，既符合题目要求，又易于控制。

参考资料

[1] 高吉祥，王晓鹏，宋克慧. 全国大学生电子设计竞赛培训系列教程 [M]. 北京：电子工业出版社，2011.

[2] 吴乃陵，况迎辉. C++ 程序设计 [M]. 北京：高等教育出版社，2006.

[3] 孙亮，杨鹏. 自动控制原理 [M]. 北京：北京工业大学出版社，2012.

参考文献

[1] 兰小毅，苏兵．创新创业学 [M]．2 版．北京：清华大学出版社，2023．

[2] 李庆峰．创新创业教育基础教程 [M]．合肥：安徽大学出版社，2019．

[3] 王远霞，茹华所，陈南苏．创新创业教育（配案例分析与实践）[M]．北京：高等教育出版社出版，2022．

[4] 王强，陈姚．创新创业基础——案例教学与情境模拟 [M]．北京：中国人民大学出版社，2021．

[5] 黄宇，等．高等学校创新创业教育的国际比较研究 [M]．北京：北京师范大学出版社，2022．

[6] 蒙丽珍，方芳．创新创业与资本运作 [M]．大连：东北财经大学出版社，2017．

[7] 代磊，张大权．创新创业政策汇编 [M]．北京：经济管理出版社，2017．

[8] 李胜铭．全国大学生电子设计竞赛备赛指南与案例分析——基于立创 EDA[M]．北京：电子工业出版社，2021．

[9] 黄智伟，黄国玉．全国大学生电子设计竞赛电路设计 [M]．3 版．北京：北京航空航天大学出版社，2022．

[10] 高吉祥．全国大学生电子设计竞赛培训教程第 5 分册——电子仪器仪表与测量系统设计 [M]．北京：电子工业出版社，2019．

[11] 王良升．巧学易用单片机——从零基础入门到项目实战 [M]．北京：清华大学出版社，2023．

[12] 郭天祥．新概念 51 单片机 C 语言教程——入门、提高、开发、拓展全攻略 [M]．2 版．北京：电子工业出版社，2018．

[13] 向培素．STM32 单片机原理与应用 [M]．北京：清华大学出版社，2022．

[14] 潘志铭，李健辉．51 单片机快速入门教程 [M]．北京：清华大学出版社，2023．

[15] 钟世达．立创 EDA（专业版）电路设计与制作快速入门 [M]．北京：电子工业出版社，2022．

[16] 周润景，孟昊博．Altium Designer 19 电路设计与制板 [M]．北京：清华大学出版社，2020．

[17] Altium 中国技术支持中心．Altium Designer 21 PCB 设计官方指南 [M]．北京：清华大学出版社，2022．

[18] 郑振宇．Altium Designer 22（中文版）电子设计速成实战宝典 [M]．北京：电子工业出版社，2022．